光电&仪器类专业教材

应用光学

郭小伟 李 琨 张行至 编著

电子工业出版社
Publishing House of Electronics Industry
北京·BEIJING

内 容 简 介

本书系统地介绍了几何光学的基本定律、光学系统成像、像差及典型光学系统等内容。先介绍了几何光学的基本定律和理想光学系统的成像原理；然后以此为基础，根据光学系统中各光学元件（如透镜、棱镜、光阑等）的功能和作用，对它们进行了分类和分析；接着介绍了成像过程中的光能传输特性、实际光学系统的像差及像质评价方法；最后综合介绍了典型的目视光学系统，如眼睛、放大镜、显微镜、望远镜等。

本书可作为高等学校和高职院校相关专业学生、教师的参考书，也可供光电子领域初步从事光学仪器设计、光学设计的研发工程师阅读。

未经许可，不得以任何方式复制或抄袭本书之部分或全部内容。
版权所有，侵权必究。

图书在版编目（CIP）数据

应用光学 / 郭小伟，李琨，张行至编著. -- 北京：电子工业出版社, 2025. 3. -- ISBN 978-7-121-49939-5
Ⅰ. O439
中国国家版本馆 CIP 数据核字第 20259XF284 号

责任编辑：张天运
印　　刷：天津千鹤文化传播有限公司
装　　订：天津千鹤文化传播有限公司
出版发行：电子工业出版社
　　　　　北京市海淀区万寿路 173 信箱　　邮编：100036
开　　本：787×1092　1/16　印张：9.5　字数：255 千字
版　　次：2025 年 3 月第 1 版
印　　次：2025 年 3 月第 1 次印刷
定　　价：48.00 元

凡所购买电子工业出版社图书有缺损问题，请向购买书店调换。若书店售缺，请与本社发行部联系，联系及邮购电话：(010) 88254888，88258888。

质量投诉请发邮件至 zlts@phei.com.cn，盗版侵权举报请发邮件至 dbqq@phei.com.cn。
本书咨询联系方式：(010) 88254172，zhangty@phei.com.cn。

前 言

应用光学是光学领域一个非常重要的分支，它利用光学理论和技术来解决实际问题。几何光学是应用光学的基础，主要研究光的直线传播、反射和折射等现象，以及如何利用这些现象来设计和制造光学系统。目前工业生产和生活中实际使用的光学系统，如望远镜、照相机、显微镜、投影仪、光刻机等，主要基于几何光学原理来进行设计和分析。因此，大多数高校的"应用光学"课程将几何光学作为主要讲授内容。

本书编写的主要目的是用于本科教学，主要特色如下。

（1）本书以光学系统成像为主线，将几何光学基本定律、光学系统成像、像差等知识串联起来，并进行总结归纳，进而形成一个较完整的知识体系。例如，在介绍光学系统成像时，先介绍理想光学系统成像原理，然后以此为基础，根据光学系统中各光学元件的功能和作用，对它们进行归类和分析，详见第 2～5 章。又如，第 8 章对各种像质评价方法进行了总结归纳，将像质评价方法分为设计阶段和产品鉴定阶段各自可用的方法，以及两个阶段都能使用的方法。

（2）本书以基础概念为主，尽量简化计算过程，并且采用图片对光路及原理进行展示。例如，第 7 章弱化了基于像差理论的计算，采用大量接近实际光路及实际像差现象的图片，展示了像差的形成原因及对成像质量的影响。

（3）本书在介绍基础知识点的同时，适当地进行了概念拓展。例如，第 5 章在介绍完孔径光阑后，对一些与之相关的概念（如主光线、边缘光线、相对孔径、光圈数等）进行了介绍，有助于初学者在阅读文献、书籍时理解这些专业词汇。

在本书编写过程中，郭小伟负责了全书的章节构造和文字编写，李琨编写了第 7 章和第 8 章的部分文字并提供了图片，张行至提供了其他章节的图片，李琨提供了各章习题，研究生郝仟禧、李小迪、向志强、王愿生、潘伟凡对全书数学公式进行了编辑。李琨和张行至对全书进行了校对，电子工业出版社对本书做了专业校对和最终审核。

本书的出版得到了刘爽教授和刘志军教授的大力支持，岳慧敏教授对书中的有关问题提出了有益的建议，在此表示衷心谢意。

电子工业出版社的张天运编辑对本书的出版给予了非常大的鼓励和支持，同时本书得到了"电子科技大学本科生教材建设基金"的资助，在此一并致以谢意！

由于编著者水平有限，书中难免存在不妥之处，恳请读者提出宝贵意见。

编著者
2024 年 10 月

目 录

第1章 几何光学基础 ·· 1
1.1 光传播的基本概念 ··· 1
1.1.1 光源 ··· 1
1.1.2 光线 ··· 1
1.1.3 光学介质 ·· 2
1.2 光传播的基本定律 ··· 2
1.2.1 光的直线传播定律 ·· 3
1.2.2 光的独立传播定律 ·· 3
1.2.3 反射定律和折射定律 ·· 3
1.3 光学传播现象 ·· 4
1.3.1 光路可逆 ·· 4
1.3.2 全反射现象 ·· 4
1.4 费马原理 ··· 5
1.4.1 光程 ··· 5
1.4.2 费马原理的数学表达式 ··· 5
1.4.3 光传播定律的证明 ·· 5
习题 ·· 7

第2章 理想光学系统 ·· 8
2.1 理想光学成像的概念 ··· 8
2.1.1 物点和像点 ·· 8
2.1.2 物像的虚实 ·· 9
2.1.3 物空间和像空间 ··· 9
2.2 理想光学系统的基点、基面 ··· 9
2.2.1 理想光学系统的主点、主平面、焦点、焦面 ················ 9
2.2.2 共轴理想光学系统的表示方法 ····································· 11
2.3 作图法求像 ··· 12
2.3.1 轴外物点成像 ·· 12
2.3.2 轴上物点成像 ·· 12
2.3.3 虚物成像 ··· 12
2.3.4 负焦距光系统成像 ··· 13

2.4 解析法求像 ··· 13
　　2.4.1 符号规则 ··· 13
　　2.4.2 像的位置 ··· 14
　　2.4.3 像的大小 ··· 14
2.5 多光组光学系统主平面和焦点位置的求解 ·· 16
2.6 多光组光学系统求像 ··· 17
　　2.6.1 像的位置 ··· 17
　　2.6.2 像的大小 ··· 17
2.7 双光组光学系统 ·· 19
2.8 节平面和节点 ··· 21
　　2.8.1 概念 ··· 21
　　2.8.2 应用 ··· 22
习题 ·· 23

第3章 球面成像 ··· 26

3.1 折射球面成像计算 ·· 26
　　3.1.1 符号规则 ··· 26
　　3.1.2 成像计算公式 ·· 27
3.2 折射球面成像不理想 ··· 28
3.3 球面近轴成像 ··· 30
3.4 单个折射球面近轴成像 ·· 30
　　3.4.1 物像位置关系式 ··· 30
　　3.4.2 物像大小关系式 ··· 31
3.5 共轴球面系统近轴成像 ·· 33
3.6 单个折射球面的基点和基面 ·· 35
　　3.6.1 主平面 ·· 35
　　3.6.2 焦点和焦距 ·· 35
　　3.6.3 节点 ··· 36
3.7 球面反射镜 ·· 36
3.8 透镜的主平面和焦点 ··· 37
习题 ·· 39

第4章 转像系统 ··· 41

4.1 透镜转像 ·· 41
4.2 平面镜转像 ··· 42
　　4.2.1 平面镜 ·· 42
　　4.2.2 平面镜对光的偏转特性 ·· 43
　　4.2.3 双平面镜 ··· 43

- 4.3 平行平板 ··· 44
- 4.4 反射棱镜 ··· 46
  - 4.4.1 单反射棱镜 ··· 46
  - 4.4.2 屋脊棱镜 ··· 47
  - 4.4.3 棱镜组合 ··· 47
  - 4.4.4 棱镜成像方向的判断 ··· 48
  - 4.4.5 棱镜的展开 ··· 50
  - 4.4.6 棱镜外形尺寸的求解 ··· 52
- 习题 ··· 53

第 5 章 光阑 ··· 58
- 5.1 孔径光阑 ··· 58
  - 5.1.1 孔径光阑的概念 ·· 58
  - 5.1.2 孔径光阑的特点 ·· 58
  - 5.1.3 入射光瞳和出射光瞳 ··· 59
  - 5.1.4 孔径光阑的确定方法 ··· 60
  - 5.1.5 与孔径光阑相关的概念 ·· 61
- 5.2 视场光阑 ··· 62
  - 5.2.1 视场光阑的概念 ·· 62
  - 5.2.2 入射窗和出射窗 ·· 62
  - 5.2.3 视场 ··· 63
  - 5.2.4 视场光阑的确定方法 ··· 63
- 5.3 渐晕光阑 ··· 63
  - 5.3.1 渐晕光阑的概念 ·· 63
  - 5.3.2 渐晕光阑的特点 ·· 64
  - 5.3.3 渐晕系数 ··· 65
- 5.4 孔径光阑的应用——远心光路 ·· 67
  - 5.4.1 物方远心光路 ··· 68
  - 5.4.2 像方远心光路 ··· 69
- 习题 ··· 70

第 6 章 光能传播 ··· 72
- 6.1 立体角 ··· 72
- 6.2 辐射量 ··· 73
  - 6.2.1 辐射通量 ··· 73
  - 6.2.2 辐射强度 ··· 74
  - 6.2.3 辐射出射度 ··· 74
  - 6.2.4 辐射照度 ··· 74
  - 6.2.5 辐射亮度 ··· 75

6.3 光学量 ··· 75
6.3.1 光通量 ··· 76
6.3.2 发光强度 ··· 77
6.3.3 光出射度 ··· 77
6.3.4 光照度 ··· 78
6.3.5 光亮度 ··· 79
6.4 光传播过程中的光亮度变化规律 ··· 81
6.4.1 单一均匀介质中光管内光亮度的传递 ··· 81
6.4.2 介质分界面处光亮度的传递 ··· 82
6.5 成像系统像平面的光照度 ··· 84
6.5.1 轴上像点的光照度 ··· 84
6.5.2 轴外像点的光照度 ··· 84
6.6 光学系统中透射率的计算 ··· 85
6.6.1 反射损失求解 ··· 85
6.6.2 吸收损失求解 ··· 86
习题 ··· 87

第7章 几何像差 ··· 89
7.1 单色像差 ··· 89
7.1.1 球差 ··· 89
7.1.2 彗差 ··· 92
7.1.3 场曲 ··· 94
7.1.4 像散 ··· 96
7.1.5 畸变 ··· 98
7.2 色差 ··· 100
7.2.1 位置色差 ··· 101
7.2.2 倍率色差 ··· 102
习题 ··· 103

第8章 像质评价 ··· 104
8.1 设计阶段 ··· 104
8.1.1 点列图 ··· 104
8.1.2 包围圆能量 ··· 104
8.1.3 瑞利判据、波前图 ··· 105
8.1.4 中心点亮度 ··· 106
8.1.5 点扩散函数 ··· 106
8.2 产品检测阶段 ··· 107
8.2.1 分辨率法 ··· 107
8.2.2 星点法 ··· 107

8.3 光学传递函数··· 108
8.3.1 非相干光学系统：低通线性滤波器··· 108
8.3.2 调制度·· 109
8.3.3 用 MTF 曲线评价光学系统成像质量·· 110
习题··· 111

第 9 章 典型光学系统·· 113
9.1 照相机·· 113
9.1.1 照相机结构和原理··· 113
9.1.2 照相机的光阑·· 113
9.1.3 照相机景深··· 113
9.2 眼睛··· 115
9.2.1 结构·· 115
9.2.2 眼睛的视度调节与校正·· 116
9.3 目视光学仪器·· 119
9.4 放大镜·· 120
9.4.1 视放大率·· 120
9.4.2 光阑·· 121
9.4.3 视场·· 122
9.5 显微镜·· 123
9.5.1 光学结构·· 123
9.5.2 系统的焦距··· 123
9.5.3 视放大率·· 123
9.5.4 光阑·· 125
9.5.5 分辨率·· 126
9.5.6 显微镜物镜··· 127
9.6 望远镜·· 128
9.6.1 光学结构·· 128
9.6.2 视放大率·· 129
9.6.3 望远镜的光阑和视场··· 129
9.6.4 分辨率·· 132
9.6.5 工作放大率··· 132
9.6.6 望远镜物镜··· 133
9.7 目镜··· 135
习题··· 137

参考文献··· 139

第1章 几何光学基础

目前工业生产和生活中使用的大多数光学系统口径较大,光在其中的传播遵循几何射线理论。本章主要介绍光传播的基本概念,以及光传播的基本定律。这些知识将帮助我们理解光学系统中光的传播行为。

1.1 光传播的基本概念

几何光学以光的直线传播定律为基础,并忽略衍射、干涉等波动行为,研究光在光学系统中的传播与成像。在光学成像过程中,由物点发出或反射的光经过一系列光学介质,到达像平面并形成对应的像。

1.1.1 光源

光源是指能发光的物体,如太阳、灯泡等。若被照射的物体能反射或透射光,具有一定亮度,则可以称之为二次光源。二次光源反射或透射的光能够传播并参与光学成像,如月亮、树木等。

按照形状,光源可以分为点光源、线光源和面光源。

点光源就是理想化为质点的、向周围空间均匀发光的光源,它在空间中只有几何位置,是一个抽象的物理概念。在实际中,当光源的大小与其辐射光能的作用距离相比可以忽略不计时,就可以把这个光源视为点光源。

点光源概念的提出有利于简化光学成像问题,因为实际物体成像通常可以把物平面视为物点的组合。因为自然光具有非相干性,所以物平面成像实际上是物点成像的叠加。

1.1.2 光线

光线概念的提出要追溯到早期人们对光沿直线传播现象的观察。通过观察,人们采用带箭头的几何线集合来描述一束光的方法。一条带箭头的几何线代表一根光线,箭头指示了光的传播方向,如图 1-1 所示。光线的引入将复杂的能量传输和光学成像问题简化为几何运算问题,极大地促进了光学系统的发展。

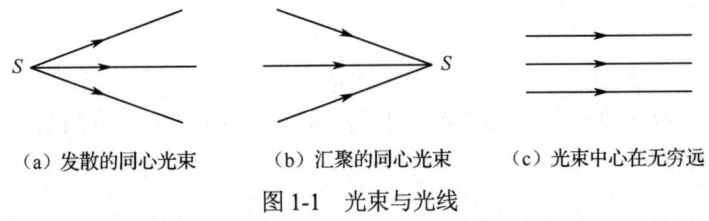

(a) 发散的同心光束　　(b) 汇聚的同心光束　　(c) 光束中心在无穷远

图 1-1　光束与光线

光是一种电磁波,按照波动原理往前传播。在光波向四周传播过程中,某一瞬间振动相位相同的各点构成的曲面称为波面。球面波是指在均匀介质中点光源发出的光形成的波面为球面的波;平面波是指无穷远处的点光源发出的光形成的波面为平面的波。在各向同性的介质中,光沿波面的法线传播，因此可以认为波面的法线就是几何光学中的光线。

1.1.3 光学介质

光学介质是指光传播的空间，如空气、玻璃、晶体等。光学介质分为各向同性介质和各向异性介质。各向同性介质是指光学性质不随方向的改变而改变的光学介质，各向异性介质是指光学性质随方向的改变而改变的光学介质。均匀介质是指不同部分具有相同光学性质的光学介质。均匀各向同性介质是指不同部分具有相同光学性质且不随着方向的改变而改变的光学介质。成像系统中常用的光学材料是各向同性介质的。

光在不同光学介质中的传播速度不一样，为了表征这种性质，人们引入了折射率的概念。折射率用来描述光学介质中光速相对于真空中光速减慢的程度，其数学表达式为

$$n = c/v \tag{1-1}$$

式中，c 为真空中的光速；v 为光学介质中的光速。

在对两种光学介质进行比较时，折射率较大的光学介质称为光密介质，折射率较小的光学介质称为光疏介质。光学介质的折射率越高，入射光发生折射的角度越大。这一点在下面介绍折射定律时得到进一步说明。此外，光学介质的折射率会随着入射光线波长的变化而发生变化。在正常色散介质中，折射率会随着波长的增加而变小。肖特 BK7 玻璃在不同波长下的折射率如图 1-2 所示。

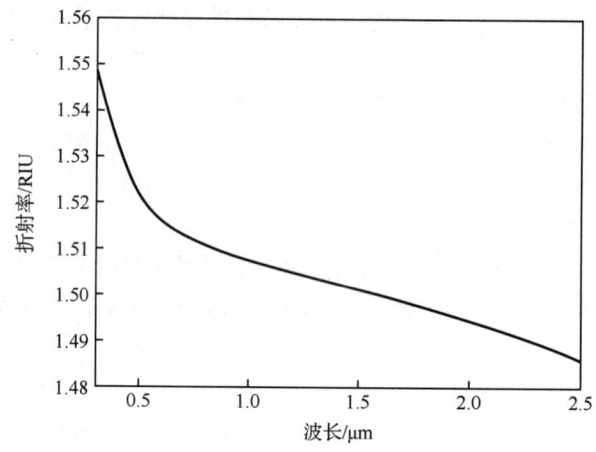

图 1-2 肖特 BK7 玻璃在不同波长下的折射率

在一般情况下，用阿贝常数来描述光学介质的色散能力。阿贝常数的定义为光学介质的折射率和色散能力的比值，表达式为

$$V = \frac{(n_D - 1)}{(n_F - n_C)} \tag{1-2}$$

式中，F、D、C 为三种固定波长的光。阿贝常数越大表示该光学介质对不同波长光的折射差异越小，即色散越小。

1.2 光传播的基本定律

从公元 3 世纪到公元 17 世纪，人们通过观察光传播逐渐总结出四个定律。

1.2.1 光的直线传播定律

光的直线传播定律为光在各向同性介质中沿直线传播。该定律是几何光学的重要基础，利用该定律可以简明地解决成像问题并解释一些自然现象，如小孔成像、影子的形成、日食和月食现象等。我国战国时期的著作《墨经》不仅描述了小孔成像的情形，而且阐述了光线沿直线行进的性质。

光的直线传播定律有一定的适用范围，即光传播路径中光学元件的口径远大于光的波长。当光经过尺寸比光波长小或与之接近的小孔或狭缝时，光将偏离其直线传播方向，产生衍射现象。

1.2.2 光的独立传播定律

从不同光源或同一个光源的不同点发出的光线在空间某点相遇时，彼此互不影响，各光线独立传播，这就是光的独立传播定律。基于此定律，在研究某一光线的传播时，无须考虑其他光线的影响，简化了研究过程。

注意：若各光线是由相干光源产生的，则其在空间某点相遇时，彼此之间会产生影响，从而产生干涉现象。普通的白光光源发出的各光线是非相干光，满足光的独立传播定律。

1.2.3 反射定律和折射定律

光在传播过程中，在不同的光学介质分界面会产生反射和折射现象，这两种现象分别满足反射定律和折射定律。光学真正形成一门学科，应从反射定律和折射定律建立的时代算起，这两个定律为几何光学奠定了坚实的基础。其中，反射定律最早出现在古希腊柏拉图学派，而折射定律的发展则跨越了很长一段时间，涉及古希腊的托勒密，以及 17 世纪的开普勒、斯涅耳、笛卡儿、费马等人。

光的反射和折射示意图如图 1-3 所示，入射光线 AO 和光学介质分界面的法线 ON 的夹角 $\angle AON = I_1$，称为入射角；反射光线 OB 和光学介质分界面的法线 ON 的夹角 $\angle BON = R_1$，称为反射角；折射光线 OC 和光学介质分界面的法线 ON' 的夹角 $\angle CON' = I_2$，称为折射角；入射光线和光学介质分界面的法线构成的平面称为入射面。

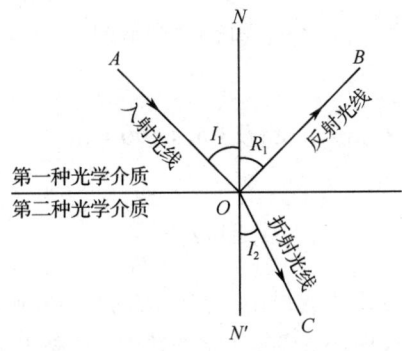

图 1-3 光的反射和折射示意图

反射定律可以表示为，反射光线位于入射面内，且反射角等于入射角：

$$I_1 = R_1$$

折射定律可以表示为，折射光线位于入射面内，入射角和折射角正弦值之比。对两种确定的光学介质来说，这个比值是一个和入射角无关的常数。折射定律表达式如下：

$$\frac{\sin I_1}{\sin I_2} = n_{1,2} = \frac{n_2}{n_1} \tag{1-3}$$

式中，$n_{1,2}$ 称为第二种光学介质对第一种光学介质的折射率。式（1-3）可以改写为

$$n_1 \sin I_1 = n_2 \sin I_2 \tag{1-4}$$

这个公式又称斯涅耳（Snell）公式，是荷兰数学家斯涅耳通过实验得出的。

1.3 光学传播现象

1.3.1 光路可逆

从式（1-3）中可以看出，如果光从第二种光学介质以角度 I_2 入射到第一种光学介质中，则折射角等于 I_1，与光线从第一种光学介质以角度 I_1 入射到第二种光学介质时的光路相同，这就是光路可逆。

1.3.2 全反射现象

全反射现象是开普勒发现的。光的全反射示意图如图 1-4 所示，光在光学介质 1 和光学介质 2 的交界面产生折射现象，当 $n_1 > n_2$ 时，$I_2 > I_1$；当入射角 I_1 增大到某一值时，折射角 I_2 达到 90°，此时折射光线沿光学介质 1 和光学介质 2 的交界面掠射出，这时的入射角叫作临界入射角，用 I_0 表示。当 $I_1 > I_0$ 时，折射光线不再存在，入射光线全部反射，这种现象称为全反射。

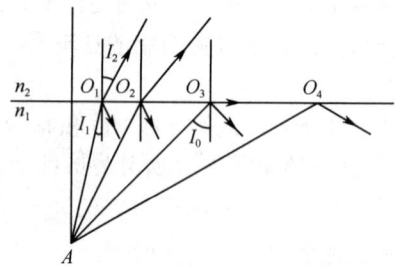

图 1-4 光的全反射示意图

由折射定律可得

$$n_1 \sin I_0 = n_2 \sin 90° = n_2 \tag{1-5}$$

即

$$\sin I_0 = \frac{n_2}{n_1} \tag{1-6}$$

由此可知，全反射发生的条件为光线由光密介质向光疏介质入射，且入射角大于临界角。全反射在理论上优于一切镜面反射，在实际光学系统中，常利用全反射棱镜代替平面镜来实现光线转向，以减少光能反射损失。光纤导光、光学指纹传感器等都利用了光的全反射。

运用光的全反射可以解释一些自然现象，如寒冷海面上的蜃景。由于下方的冷空气比上方的暖空气折射率大，因此可以将海面上的空气层分为很多折射率不同的介质层。来自物体的光线在射向空中时，光线从光密介质向光疏介质入射，并且通过不断被折射，进入上层的入射角不断增大，以致发生全反射现象，光线反射回地面，再次重复发生全反射逆过程，人们逆着

光线看，就会看到远方的景物悬在空中，也就是蜃景。

1.4 费马原理

费马原理的提出建立在折射定律的发展上，该原理从数学方面描述了光传播行为。费马原理最初的表述为时间最短原理：光在任意光学介质或一组不同光学介质中，从一点出发传播到另一点时，沿所需时间最短的路径传播。后来，费马原理被修正为平稳时间原理：光线沿其实际路径从一个点到另一个点的传播时间相对于该路径的微小变化是平稳的。所谓的平稳是数学中的微分概念，可以理解为一阶导数为零，它可以是极大值、极小值，也可以是拐点。数学上，费马原理与光程概念有关。

1.4.1 光程

光在传播过程中路程和时间成正比，于是有

$$\mathrm{d}t = \frac{\mathrm{d}s}{v} = \frac{n\mathrm{d}s}{c} \tag{1-7}$$

可以看到，光在光学介质中传播的路程可以折合为光在真空中传播的相应路程。将 $n\mathrm{d}s$ 定义为光程，光程的大小等于光在光学介质中传播路程与折射率的乘积。

在非均匀介质中，光程为

$$S = \int_A^B n(s)\mathrm{d}s \tag{1-8}$$

在同一种均匀介质中，光程为

$$S = ns \tag{1-9}$$

1.4.2 费马原理的数学表达式

光从 A 点传播到 B 点需要的时间为

$$t = \int_A^B \mathrm{d}t \tag{1-10}$$

于是有

$$c\int_A^B \mathrm{d}t = \int_A^B n\mathrm{d}s \tag{1-11}$$

费马采用程函方程对式（1-11）进行进一步推导，得到光线走最短时间的路径。由于推导过程较为复杂，这里不进行详细介绍。根据改进的平稳时间原理，不难得出费马原理的数学表达式为

$$\delta\int_A^B n\mathrm{d}s = 0 \tag{1-12}$$

1.4.3 光传播定律的证明

费马原理是描述光传播的基本定理，可以用来证明光的直线传播定律、反射和折射定律。其中，光的直线传播定律最易证得，在各向同性的均匀介质中光线有且只有沿直线传播时满足费马原理（极小值）。

1. 证明反射定律

证明反射定律的示意图如图 1-5 所示。

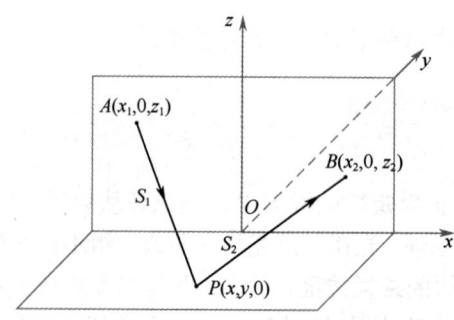

图 1-5 证明反射定律的示意图

从 A 点出发，经 P 点反射到达 B 点的光线经过的光程 S 可表示为

$$S = S_1 + S_2 = n\sqrt{(x-x_1)^2 + y^2 + z_1^2} + n\sqrt{(x-x_2)^2 + y^2 + z_2^2} \tag{1-13}$$

根据费马原理，P 点应在使光程为极值的位置，即 $\dfrac{\partial S}{\partial x} = 0$，$\dfrac{\partial S}{\partial y} = 0$。

对 y 求导可得

$$\frac{\partial S}{\partial y} = n\left(\frac{y}{S_1} + \frac{y}{S_2}\right) = 0 \tag{1-14}$$

只有当 $y=0$ 时，式（1-14）才成立，即反射发生在垂直反射面内，入射光线、反射光线和法线在同一平面内。

对 x 求导可得

$$\frac{\partial S}{\partial x} = n\left(\frac{x-x_1}{S_1} + \frac{x-x_2}{S_2}\right) = 0 \tag{1-15}$$

于是有

$$\frac{x-x_1}{S_1} = \sin I, \quad \frac{x-x_2}{S_2} = \sin I'' \tag{1-16}$$

式中，I 为入射角；I'' 为反射角。

由此可得

$$\sin I = \sin(-I'') \tag{1-17}$$

2．证明折射定律

证明折射定律的示意图如图 1-6 所示。

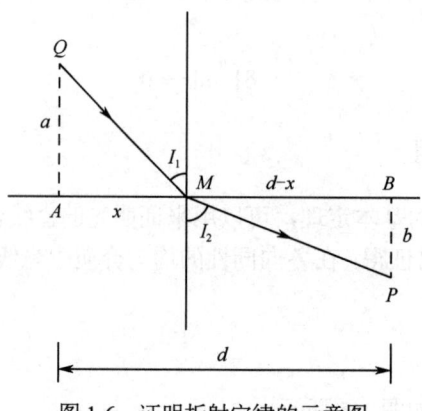

图 1-6 证明折射定律的示意图

从点 Q 出发的光线入射到水平界面后产生的折射光线通过点 P，点 M 是使光程成为极值的点，总光程是

$$S(QMP) = n_1\overline{QM} + n_2\overline{MP} = n_1\sqrt{a^2 + x^2} + n_2\sqrt{b^2 + (d-x)^2} = S(x) \quad (1\text{-}18)$$

$\dfrac{\mathrm{d}S(x)}{\mathrm{d}x} = 0$，即

$$n_1 \frac{x}{\sqrt{a^2+x^2}} = n_2 \frac{(d-x)}{\sqrt{b^2+(d-x)^2}} \quad (1\text{-}19)$$

成立时，S 取极值。

由此可得

$$n_1 \sin I_1 = n_2 \sin I_2 \quad (1\text{-}20)$$

费马原理开创了以"路径积分""变分原理"为语言符号，来表达自然规律和物理规律的研究路线和思维方式，在导出物像等光程性、球面反射镜近轴成像及其物像关系、球面折射近轴成像及其物像关系等方面有重要应用。

习题

1.1 阐述朝阳或晚霞在竖直方向被压扁的现象。请结合折射定律，考虑大气密度随高度变化的规律，可简单作图。

1.2 光纤由纤芯和包层组成，如图 1-7 所示。

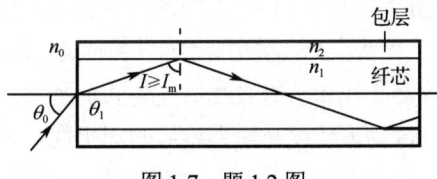

图 1-7 题 1.2 图

（1）推导光纤数值孔径的计算公式：$\mathrm{NA} = n_0 \sin \theta_0 = \sqrt{n_1^2 - n_2^2}$。

（2）康宁 SMF-28 单模光纤的纤芯折射率为 1.450 4，包层折射率为 1.444 7，若光纤的工作环境为空气，则光线在光纤端面的最大入射角为多少？当光线的入射角为 30°时，光线能在光纤中传输吗？

1.3 紧挨水面有一片圆形荷叶，荷叶直径为 50 cm，荷叶叶柄直径为 1 cm，请问哪段叶柄是在水面上任何方向都看不到的？（水的折射率 $n = 4/3$，忽略水对光的吸收，叶柄视作垂直于水面。）

1.4 水深为 1 m 的池底有一个石块，人在岸边观察时，视线与水面的夹角为 30°，人眼看到的石块距水面多远？试用折射定律及单个折射面物像位置关系两种方法求解，比较计算结果的差异并分析原因。（水的折射率 $n = 4/3$）

1.5 马吕斯定律指出，光束在各向同性的均匀介质中传播时，垂直于波面的光束（法线集合）经过任意多次反射和折射后，无论折射面和反射面的形状如何，出射光束仍垂直于出射波面，保持光束仍为法线集合的性质，并且入射波面与出射波面对应点之间的光程均为定值。试用费马原理证明马吕斯定律。

第 2 章　理想光学系统

理想光学系统成像理论是由高斯提出来的因此也称"高斯光学"，后来阿贝在此基础上进一步发展了理想光学成像理论。尽管实际上是不存在理想光学系统的，但在设计实际光学系统时，人们常采用由理想光学系统抽象得出的一些光学特性和公式进行初始计算，以使实际光学系统的设计成为可能，并使相关计算过程得以简化，使实际光学系统的成像质量得以提高。本章主要介绍理想光学成像的概念、理想光学系统的基点和基面、理想光学系统的物像关系（包括作图法和解析法），这些基础知识有助于掌握理想光学系统的基本特征。

2.1　理想光学成像的概念

2.1.1　物点和像点

将光学元件按一定方式组合起来，使物体发出的光线经过光学元件的折射、反射后，沿所需方向传播，随后出射，以满足一定的使用需求。这种光学元件的组合称为光学系统。

在成像过程中，物点 Q 发出的一束同心光经光学系统后转换为另一束同心光汇聚于 Q'，称 Q 为物点，称 Q' 为像点，如图 2-1 所示。图 2-1 中的括号表示光学系统，QQ' 直线为光学系统的光轴。若物点 Q 和像点 Q' 是一一对应的，则称之为理想成像，此时物点和像点互为共轭关系，相应地，物平面和像平面、入射光线和出射光线也互为共轭关系。物体上的每个点经过光学系统后所成理想像点的集合就是该物体经过光学系统后的理想像。因此，几何理想成像意味着点对应点、线对应线、面对应面，如图 2-2 所示，符合这种对应关系的光学系统就是理想光学系统。

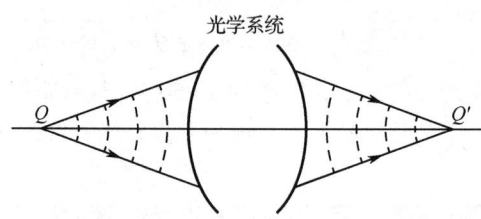

图 2-1　理想成像示意图

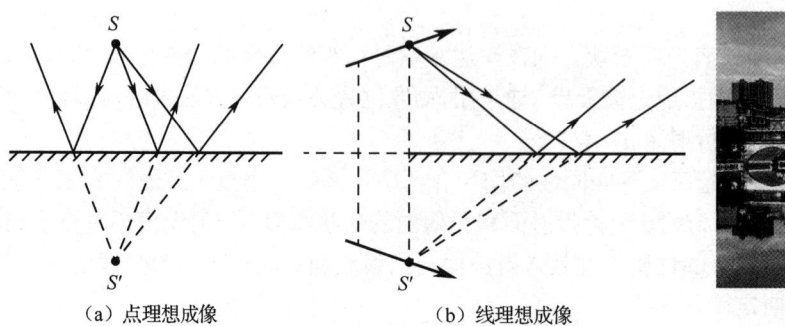

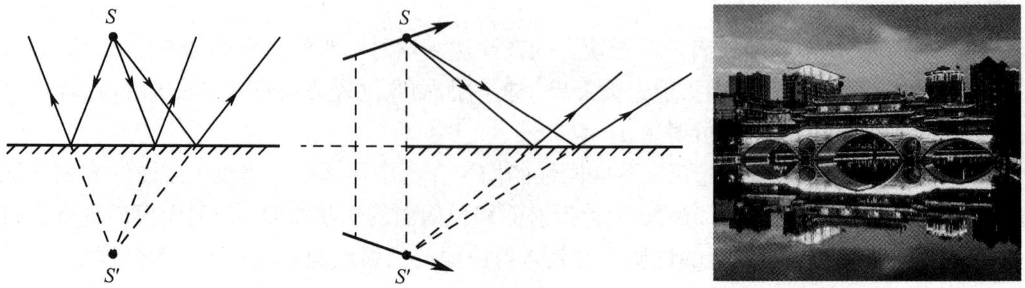

（a）点理想成像　　　（b）线理想成像　　　（c）面理想成像

图 2-2　理想成像

从波动的观点来看，在理想成像条件下，物点发出的是球面波，从光学系统出射的波面也应为球面波，即在射入光学系统的光束为同心光束时，出射光束也是同心光束。

物像概念是相对于光学系统而言的，不是永恒不变的，在多光组（元件）系统中，前一个光组（元件）的像就是下一个光组（元件）的物；不能简单地认为物一定在光组（元件）左侧、像一定在光组（元件）右侧，要根据光学系统的实际组成一个光组（元件）、一个光组（元件）地依次判断。光学成像示意图如图 2-3 所示，对于 L_1 光组而言，Q 为物点，Q' 为像点；对于 L_2 光组而言，Q' 为物点，Q'' 为像点；而对于由 L_1 光组和 L_2 光组组成的光学系统而言，Q 为物点，Q'' 为像点。

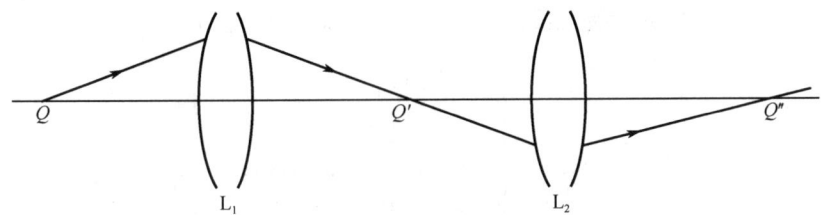

图 2-3　光学成像示意图

2.1.2　物像的虚实

实物点指的是该物点发出的光束为发散的同心光束，如图 2-4（a）所示；虚物点指的是射入光学系统时光束为汇聚的同心光束（延长线的交点），如图 2-4（b）所示。实像点指的是从光学系统出射的光束是汇聚的同心光束，如图 2-4（c）所示；虚像点指的是从光学系统出射的光束是发散的同心光束（反向延长线的交点），如图 2-4（d）所示。虚物和虚像概念通常出现在复杂光学系统的中间成像过程中，若图 2-3 中的 L_1 光组和 L_2 光组离得很近，则 Q' 无法成为 L_1 光组的实像点，也就无法成为 L_2 光组的实物点，此时形成的就是虚像点或虚物点。

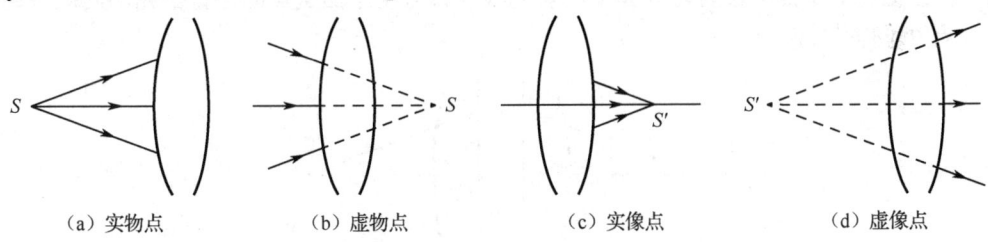

（a）实物点　　　（b）虚物点　　　（c）实像点　　　（d）虚像点

图 2-4　物像的虚实示意图

2.1.3　物空间和像空间

物空间是指物所在的空间，像空间是指像所在的空间。物空间和像空间有可能重叠，如在虚物成实像、实物成虚像时。

2.2　理想光学系统的基点、基面

2.2.1　理想光学系统的主点、主平面、焦点、焦面

由于理想光学系统的物点和像点之间存在一一对应关系，其物像关系由系统特性决定，

因此，可以通过研究表征该系统特性的一些特殊共轭面和共轭点来得到该系统的物像关系。如图 2-5 所示，若给出理想光学系统中的一对共轭面 (L_1, L_1')，两对共轭点 (Q, Q') 和 (P, P')，则可以根据这些特殊的共轭面和共轭点，利用图解法或解析法确定任意位置物点对应的像点。例如，对于图 2-5 中的物点 D 很容易通过作图法确定其共轭像点 D'。此时给出的特殊共轭面和共轭点称为理想光学系统的基面和基点。

那么哪些共轭面和共轭点可以用来表征理想光学系统的特性呢？在原则上，基面和基点的位置可以任意选择。为了便于计算，一般将共轭面 (L_1, L_1') 选择为垂轴方向像大小与物大小的比值（垂轴放大率，又称横向放大率）为 1 的一对平面，即要求图 2-5 中的 $A'B'/AB = 1$；而将共轭点 (Q, Q') 和 (P, P') 中的物点或像点选择为轴上无限远处的点。

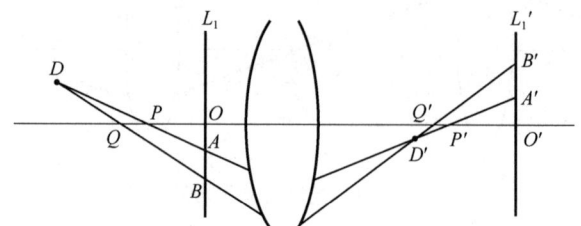

图 2-5 理想光学系统的共轭面和共轭点

1. 主平面

在图 2-5 中，一般选择垂轴放大率为 1 的一对共轭面作为主平面，其中，物平面 L_1 称为物方主平面，对应地，像平面 L_1' 称为像方主平面。两个主平面与光轴的交点分别称为物方主点和像方主点，用 H、H' 表示，显然 H 和 H' 也是一对共轭点。对于一般的薄透镜而言，这两个主平面通常在透镜内部，示意图如图 2-6 所示。由于垂轴放大率为 1，物空间中任意一条光线与物方主平面交点的位置与其共轭出射光线和像方主平面交点的位置在光轴同侧等高，即点 B 与点 B' 同轴等高。

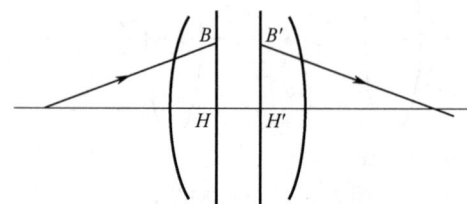

图 2-6 主平面和主点示意图

2. 像方焦点与物方焦点

在图 2-5 中，一般选取无限远的轴上物点与其像点、无限远的轴上像点与其物点作为两对共轭点。无限远的轴上物点发出的光在到达光学系统时变成平行光，并射入光学系统。根据理想光学系统的概念，对应的像点必定在轴上，此像点位置称为系统的像方焦点 F'，其与像方主点之间的距离称为像方焦距 f'，如图 2-7 所示。相似地，若将系统旋转180°，此时所成的像点称为物方焦点 F，其与物方主点之间的距离称为物方焦距 f。按照光路可逆原理，从物方焦点 F 发出的光线通过系统后，自然也平行出射，最终在无限远处形成像点。过 F 点/F' 点且垂直于光轴的两个平面称为像方/物方焦平面。

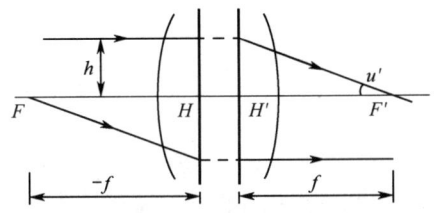

图 2-7 焦点和焦平面示意图

不同物点的成像情况如图 2-8 所示。当无限远的轴外物点发出的光束斜射入理想光学系统时，根据理想成像点对点的规则，出射光束必定汇聚于像方焦点所在平面上一点，如图 2-8（b）所示；同理，物方焦平面上轴外一点发出的光线在射入光学系统后，出射光线对应为一束与光轴呈一定夹角的平行光线，如图 2-8（c）所示。

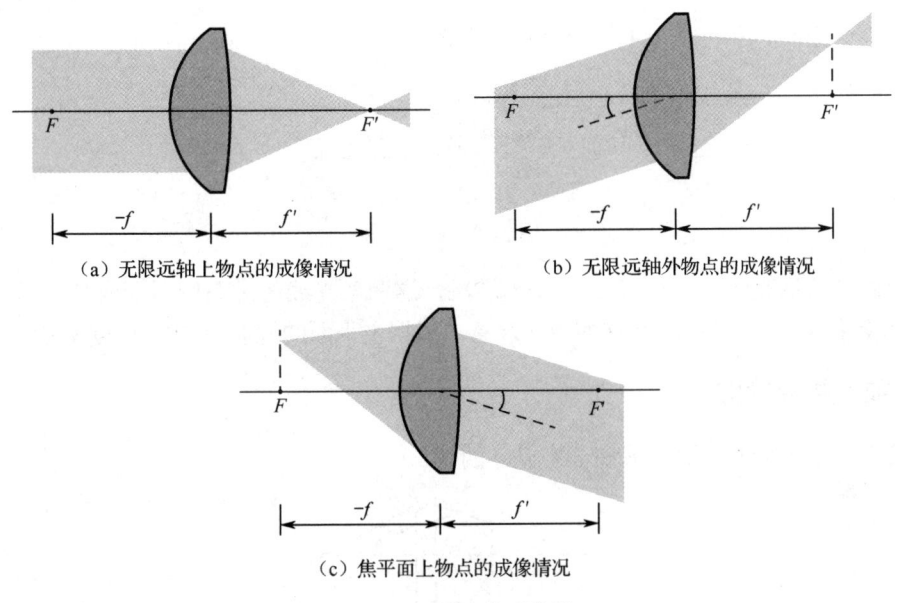

（a）无限远轴上物点的成像情况　　　　（b）无限远轴外物点的成像情况

（c）焦平面上物点的成像情况

图 2-8 不同物点的成像情况

2.2.2 共轴理想光学系统的表示方法

共轴理想光学系统可以用一对主平面和两个焦点来表示，如图 2-9 所示。这种表示方法很简洁，特别适合通过作图法求像。必须强调的是，图 2-9 中的 F 和 F' 是系统的物方焦点和像方焦点，它们并不是一对共轭点。

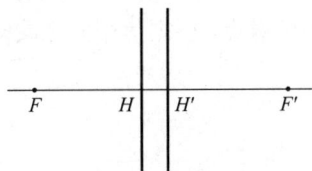

图 2-9 共轴理想光学系统的表示方法

2.3 作图法求像

在理想光学系统的成像中，同一物点发出的所有光线通过理想光学系统后仍然相交于同一像点。因此，只需要根据主平面和焦点相关性质，找到经过物点的两条光线在像空间中的共轭光线，二者的交点就是该物点的像。在用作图法求像时常会使用如下两条特殊光线。

（1）平行于光轴的入射光线，经过理想光学系统后出射光线经过像方焦点。

（2）经过物方焦点的入射光线，经过理想光学系统后出射光线平行于光轴。

下面举几个例子来说明用作图法求像的过程。

2.3.1 轴外物点成像

例 2.1 如图 2-10 所示，求轴外物点 B 的像。

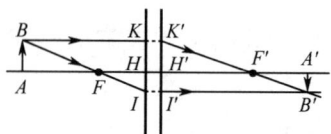

图 2-10 例 2.1 图

利用两条特殊光线——光线 BI、光线 BK，这两条光线经过系统后变成光线 $I'B'$、光线 $K'B'$ 并相交于 B' 点，B' 点即 B 点的像。注意，根据主平面的性质可知，K 点和 K' 点等高。

2.3.2 轴上物点成像

例 2.2 如图 2-11 所示，求轴上物点 A 的像。

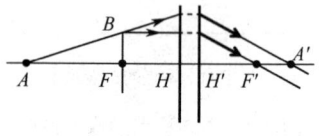

图 2-11 例 2.2 图

方法一：过 A 点作一垂直于光轴的竖线，在竖线上找一点作出其像，过该像点作光轴的垂线，交点就是 A 点的像点 A'，也就是将问题转换为轴外物点成像问题。

方法二：利用焦平面的性质，过轴外物方焦平面上一点出射的光线射入理想光学系统后，对应出射光线为一束与光轴呈一定夹角的平行光线。先做平行于光轴的光线 BH 的出射光线 $K'F'$，其余出射光线均应平行于 $K'F$；连接 A 点、B 点并延长至物方主平面确定入射点高度，出射主平面上与入射点等高的点为出射点，根据焦平面性质即可作出射光线，该出射光线交光轴于像点 A'。

2.3.3 虚物成像

例 2.3 如图 2-12 所示，求虚物点 B 的像。

先构造出虚物点 B 的两条特殊光线，一条光线平行于光轴经过虚物点 B，一条光线经过物方焦点 F 和虚物点 B；然后作这两条光线经过理想光学系统的共轭光线，共轭光线的交点 B' 就是虚物点 B 的像。

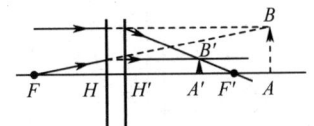

图 2-12　例 2.3 图

2.3.4　负焦距光系统成像

例 2.4　像方焦点在理想光学系统左侧的情况如图 2-13 所示，求轴外物点 B 的像。

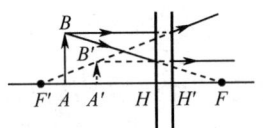

图 2-13　例 2.4 图

找到两条特殊光线，根据焦平面的性质，这两条光线经过理想光学系统后出射的共轭光线反向汇聚于 B' 点。

2.4　解析法求像

2.4.1　符号规则

理想光学系统所成的像有实像和虚像，物有实物和虚物，物像有可能在同一空间，因此对于复杂的多元件光学系统而言，计算是相当复杂的。此外，物像的方向有可能是相反的。为了准确地确定像的位置和方向，有必要对物方和像方参数进行规定，并按照一定的符号规则对系统中的所有光学元件成像进行计算。符号规则的建立为布罗威（Brouwer）通过建立数学矩阵处理傍轴成像问题，甚至光学系统计算机的设计奠定了基础。

符号规则示意图如图 2-14 所示，符号规则如下。

（1）光线的传播方向。

在进行光路计算时，光线从左向右传播的距离为正；光线从右向左传播的距离为负。

（2）线段的正负性。

沿轴线段：以理想光学系统主平面为起点，向右为正，向左为负。

垂轴线段：以光轴为基准，在光轴上方为正，在光轴下方为负。

（3）角度的正负性。

光线与光轴的夹角：光轴以锐角转向光线，转动方向为顺时针方向为正，转动方向为逆时针方向为负。

光线与法线的夹角：光线以锐角转向法线，转动方向为顺时针方向为正，转动方向为逆时针方向为负。

光轴与法线的夹角：光轴以锐角转向法线，转动方向为顺时针方向为正，转动方向为逆时针方向为负。

（4）在光路图中，所有标注的数值均为绝对值。例如，物方截距 l 为负，在图中标注为 $-l$。

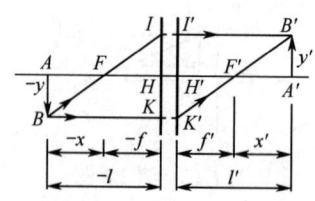

图 2-14 符号规则示意图

2.4.2 像的位置

1. 牛顿公式法

若以 F 点、F' 点为起点，则物距 x 为负，AF 线段长度为 $-x$；物方焦距 f 为负，FH 线段长度为 $-f$；物高 y 为负，AB 线段为 $-y$；像方参数都为正。

由主平面等高原理可知，$A'B' = IH = y'$，又由 $\triangle ABF \backsim \triangle HIF$，可得

$$\frac{y'}{-y} = \frac{-f}{-x} \tag{2-1}$$

同理，由 $\triangle H'K'F' \backsim \triangle A'B'F'$，可以得出

$$\frac{y'}{-y} = \frac{x'}{f'} \tag{2-2}$$

因此可得

$$\frac{-f}{-x} = \frac{x'}{f'} \tag{2-3}$$

即

$$xx' = ff' \tag{2-4}$$

2. 高斯公式法

以 H 点、H' 点为原点，可得

$$-x = -l - (-f) \tag{2-5}$$
$$x' = l' - f' \tag{2-6}$$

将式（2-5）、式（2-6）分别代入式（2-1）、式（2-2）可得

$$\frac{f'}{l'} + \frac{f}{l} = 1 \tag{2-7}$$

2.4.3 像的大小

1. 垂轴放大率

垂轴放大率的定义为垂轴方向的像大小与物大小的比值，用 β 表示。

根据式（2-2）可得

$$\beta = \frac{y'}{y} = -\frac{x'}{f'} = -\frac{l' - f'}{f'} \tag{2-8}$$

对式（2-7）进行变形可得

$$fl' = l(l' - f') \tag{2-9}$$

由此可得

$$\beta = -\frac{fl'}{f'l} \tag{2-10}$$

根据式（2-10）可以得到如下性质。

当 $\beta > 0$ 时，y 与 y' 同号为正像，l 和 l' 同号，物像位于球面同侧、虚实相反。

当 $\beta < 0$ 时，y 与 y' 异号为倒像，l 和 l' 异号，物像位于球面两侧、虚实相同。

当 $|\beta| > 1$ 时，所成像为放大像；当 $|\beta| < 1$ 时，所成像为缩小像。

2．轴向放大率

轴向放大率用于描述光轴上一对共轭点沿轴移动量之间的关系，用 α 表示。物点沿轴移动一个微小量 dl，相应像点沿轴移动 dl'，α 为 dl' 与 dl 间的比值。

对式（2-7）求导可得

$$-\frac{f'dl'}{l'^2} - \frac{fdl}{l^2} = 0 \tag{2-11}$$

则轴向放大率为

$$\alpha = \frac{dl'}{dl} = -\frac{fl'^2}{f'l^2} = -\frac{f'}{f}\beta^2 \tag{2-12}$$

由于 f 与 f' 恒为异号，β 的平方始终大于 0，所以 α 值恒为正，即当物点沿轴向移动时，像点沿轴同向移动。在一般情况下，$\alpha \neq \beta$，也就是空间物体成像后会变形。

3．角放大率

角放大率的定义为物像共轭光线与光轴夹角 U 和 U' 的正切值之比，用 γ 表示。角放大率表征理想光学系统入射光线和出射光线的放大程度，也表征光学元件对光线的折射能力。角放大率影响着物像的放大能力。

解析法求物点的像如图 2-15 所示。

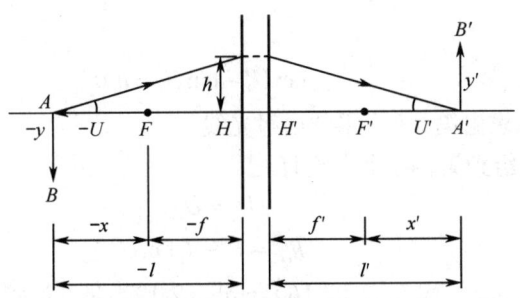

图 2-15　解析法求物点的像

由图 2-15 可知：

$$\tan U' = \frac{h}{l'}, \quad \tan(-U) = \frac{h}{-l} \tag{2-13}$$

因此，角放大率为

$$\gamma = \frac{\tan U'}{\tan U} = \frac{l}{l'} \tag{2-14}$$

4. 三种放大率之间的关系

联立式（2-10）、式（2-12）和式（2-14），可得 β、α、γ 之间的关系为

$$\beta = \alpha\gamma \tag{2-15}$$

2.5 多光组光学系统主平面和焦点位置的求解

若光学系统是由上述多个光组组合而成的，则在已知每一个光组的主平面和焦点的情况下，可以采用正切计算法计算出组合系统的主平面和焦点。

多光组光学系统的主平面和焦点位置如图 2-16 所示。高度为 h_1 的平行于光轴入射的光线，依次经过各个光组。第 i 个光组的出射光线就是第 $i+1$ 个光组的入射光线，依次类推，利用最后的出射光线就可以求出组合光学系统的主平面和焦点，即

$$f' = \frac{h_1}{\tan U'_k} \tag{2-16}$$

$$l'_F = \frac{h_k}{\tan U'_k} \tag{2-17}$$

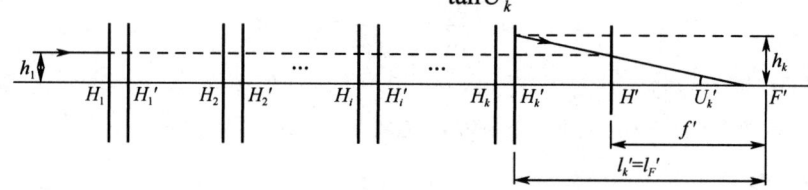

图 2-16 多光组光学系统的主平面和焦点位置

问题转换为最终出射光线求解问题，也就是求光线在最后一个光组的入射高度和出射角。利用高斯公式，并乘以光组的高度 h_i：

$$\frac{h_i}{l'_i} - \frac{h_i}{l_i} = \frac{h_i}{f'_i} \tag{2-18}$$

可得

$$\tan U'_i - \tan U_i = h_i / f'_i \tag{2-19}$$

利用式（2-19）可以求出第 i 个光组的出射光线。

很明显，从第 i 个光组到第 $i+1$ 个光组有

$$U'_i = U_{i+1} \tag{2-20}$$

$$h_{i+1} = h_i - d_i \tan U'_i \tag{2-21}$$

将式（2-20）和式（2-21）代入式（2-16）～式（2-19）即可得到下一个光组的出射光线。从第一个光组开始，依次类推，可以求出最后一个光组的出射光线。

例 2.5 三个薄透镜的焦距分别为 $f'_1 = 100 \text{ mm}$，$f'_2 = -50 \text{ mm}$，$f'_3 = -50 \text{ mm}$，间隔分别为 $d_1 = 10 \text{ mm}$，$d_2 = 10 \text{ mm}$。求组合系统的基点位置。

解：因为有

$$U_1 = 0, \quad h_1 = 100 \text{（mm）}$$

$$\tan U_2 = \tan U'_1 = \tan U_1 + \frac{h_1}{f'_1} = \frac{100}{100} = 1$$

$$h_2 = h_1 - d_1 \tan U_1' = 100 - 10 = 90 \text{(mm)}$$

$$\tan U_3 = \tan U_2' = \tan U_2 + \frac{h_2}{f_2'} = 1 + \frac{90}{-50} = -0.8$$

$$h_3 = h_2 - d_2 \tan U_2' = 90 - 10 \times (-0.8) = 98 \text{(mm)}$$

$$\tan U_3' = \tan U_3 + \frac{h_3}{f_3'} = -0.8 + \frac{98}{-50} = -2.76$$

所以有

$$f' = \frac{h_1}{\tan U_3'} = \frac{100}{-2.76} \approx -36.23 \text{(mm)}$$

$$l_F' = \frac{h_3}{\tan U_3'} = \frac{98}{-2.76} \approx -35.51 \text{(mm)}$$

$$l_H' = l_F' - f' = -35.51 - (-36.23) = 0.72 \text{(mm)}$$

2.6 多光组光学系统求像

2.6.1 像的位置

多光组光学系统求像示意图如图 2-17 所示。

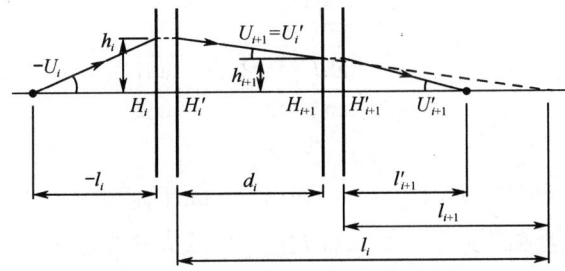

图 2-17 多光组光学系统求像示意图

方法一：先按照例 2.5 中的计算步骤算出多光组光学系统的主平面和焦点，然后用高斯公式或牛顿公式求解。

方法二：计算光线经过每一个光组所成的像，前一个光组所成的像作为下一个光组的物。利用高斯公式和过渡公式从第一个光组开始依次进行计算，直到最后一个光组。

过渡公式：

$$l_{i+1} = l_i' - d_i \tag{2-22}$$

2.6.2 像的大小

与求像的位置类似，求像的大小也有两种方法。

方法一：直接用像的大小比物的大小。此方法需要按 2.6.1 节中的方法一的步骤求出最后所成像的大小。

方法二：若已知每个光组放大率，则可以采用下面的方法求像的大小。

1. 垂轴放大率

$$\beta = \frac{y'_k}{y_1}$$

$$= \frac{y'_1}{y_1} \frac{y'_2}{y_2} \cdots \frac{y'_k}{y_k} \qquad (2\text{-}23)$$

$$= \beta_1 \beta_2 \cdots \beta_k$$

式中，$y'_1 = y_2$，$y'_2 = y_3$，$\cdots$，$y'_{k-1} = y_k$。

2. 轴向放大率

$$\alpha = \frac{\mathrm{d}l'_k}{\mathrm{d}l_1}$$

$$= \frac{\mathrm{d}l'_1}{\mathrm{d}l_1} \frac{\mathrm{d}l'_2}{\mathrm{d}l_2} \cdots \frac{\mathrm{d}l'_k}{\mathrm{d}l_k} \qquad (2\text{-}24)$$

$$= \alpha_1 \alpha_2 \cdots \alpha_k$$

式中，$\mathrm{d}l'_1 = \mathrm{d}l_2$，$\mathrm{d}l'_2 = \mathrm{d}l_3$，$\cdots$，$\mathrm{d}l'_{k-1} = \mathrm{d}l_k$。

3. 角放大率

$$\gamma = \frac{\tan U'_k}{\tan U_1}$$

$$= \frac{\tan U'_1}{\tan U_1} \frac{\tan U'_2}{\tan U_2} \cdots \frac{\tan U'_k}{\tan U_k} \qquad (2\text{-}25)$$

$$= \gamma_1 \gamma_2 \cdots \gamma_k$$

式中，$\tan U'_1 = \tan U_2$，$\tan U'_2 = \tan U_3$，$\cdots$，$\tan U'_{k-1} = \tan U_k$。

多光组光学系统的垂轴放大率、轴向放大率、角放大率均是所有组成光组相应放大率的连乘积。

例 2.6 某光学系统由两个薄透镜（物方、像方主平面重合）组成，这两个薄透镜的焦距分别为 $f'_1 = 500$ mm，$f'_2 = -400$ mm，间隔 $d = 300$ mm。当一个物体位于正透镜前方 100 mm 处时，求该组合系统的垂轴放大率和像的位置。

解： 对于第一个透镜成像，由题意可知：

$$l_1 = -100 \text{ mm}, \quad f'_1 = 500 \text{ mm}$$

将其代入高斯公式：

$$\frac{1}{l'_1} - \frac{1}{l_1} = \frac{1}{f'_1}$$

求得

$$l'_1 = \frac{l_1 f'_1}{l_1 + f'_1} = \frac{-100 \times 500}{-100 + 500} = -\frac{50\,000}{400} = -125 \text{（mm）}$$

$$\beta_1 = \frac{l'_1}{l_1} = \frac{125}{100} = 1.25$$

对于第二个透镜成像有
$$l_2 = l_1' - d = -125 - 300 = -425 \text{(mm)}$$
$$\frac{1}{l_2'} - \frac{1}{l_2} = \frac{1}{f_2'}$$
$$l_2' = \frac{l_2 f_2'}{l_2 + f_2'} = \frac{-425 \times (-400)}{-425 - 400} \approx -206 \text{(mm)}$$
$$\beta_2 = \frac{l_2'}{l_2} = \frac{-206}{-425} \approx 0.485$$

组合系统的放大率为
$$\beta = \beta_1 \cdot \beta_2 = 1.25 \times 0.485 \approx 0.6$$

2.7 双光组光学系统

双光组光学系统是一种常见的光学组合系统，其中由两个透镜组成的光学系统有显微镜、望远镜等。下面对双光组光学系统进行分析，以为分析典型光学系统打基础。

双光组组合的主平面和焦点位置如图 2-18 所示。已知两个光组焦距分别为 f_1'、f_1 和 f_2'、f_2，两个光组之间的相对位置用第一个光组的像方焦点 F_1' 到第二个光组的物方焦点 F_2 的距离 Δ 表示。Δ 的符号规则为以 F_1' 为起点，计算到 F_2，由左向右为正。假定双光组光学系统的焦距为 f 和 f'，焦点为 F 和 F'。

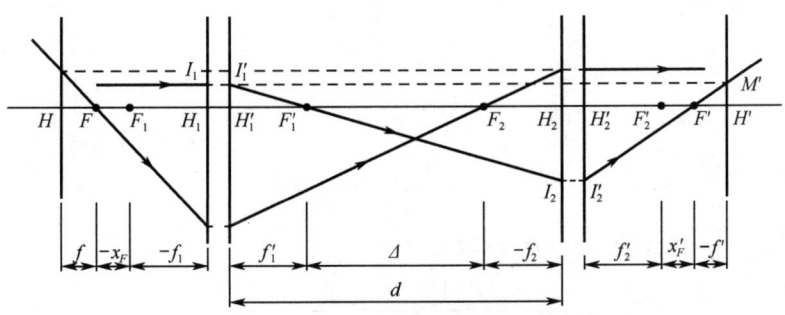

图 2-18 双光组组合的主平面和焦点位置

先求像方焦点 F' 的位置。根据焦点性质，平行于光轴的入射光线在通过第一个光组后出射光线一定通过 F_1'，在通过第二个光组后出射光线与光轴的交点 F'，即双光组光学系统的像方焦点。显然 F_1' 和 F' 对于第二个光组来说是一对共轭点，应用牛顿公式 $xx' = f_2 f_2'$，$x = -\Delta$，可得
$$x' = x_F' = -\frac{f_2 f_2'}{\Delta} \tag{2-26}$$

进而得到像方焦点 F' 的位置。

同理，可以求物方焦点 F 的位置：
$$x_F = \frac{f_1 f_1'}{\Delta} \tag{2-27}$$

再求像方焦距。由图 2-18 可知，$\triangle M'F'H' \backsim \triangle I_2'H_2'F'$，$\triangle I_2 H_2 F_2' \backsim \triangle I_1'H_1'F_1'$，根据对应

边成比例和 $M'H' = I_1'H_1'$、$I_2H_2 = I_2'H_2'$，可得

$$\frac{H'F'}{F'H_2'} = \frac{H_1'F_1'}{F_1H_2} \tag{2-28}$$

根据图 2-18 中的标注可得

$$H'F' = -f', \quad F'H_2' = f_2' + x_F', \quad H_1'F_1' = f_1', \quad F_1H_2 = \Delta - f_2$$

将其代入式（2-28），经简化可得像方焦距：

$$f' = -\frac{f_1'f_2'}{\Delta} \tag{2-29}$$

同理，可以解出物方焦距：

$$f = \frac{f_1f_2}{\Delta} \tag{2-30}$$

两个光组间的相对位置用两个主平面间的距离 d 表示。d 的符号规则为以第一个光组的像方主点 H_1' 为起点，计算到第二个光组的物方主点 H_2，由左向右为正。由图 2-18 可得

$$d = f_1' + \Delta - f_2 \tag{2-31}$$

由三角形相似可推得

$$l_F' = F'H_2' = f_2' + x_F' = f'\left(1 - \frac{d}{f_1'}\right) \tag{2-32}$$

同理可得

$$l_F = f\left(1 + \frac{d}{f_2}\right) \tag{2-33}$$

因此

$$l_H' = l_F' - f' = -f'\frac{d}{f_1'} \tag{2-34}$$

$$l_H = l_F - f = f\frac{d}{f_2} \tag{2-35}$$

将 $\Delta = f_1' + d - f_2$ 代入式（2-29）可得

$$\frac{1}{f'} = \frac{1}{f_2'} - \frac{f_2}{f_1'f_2'} - \frac{d}{f_1'f_2'} \tag{2-36}$$

在空气中，定义光焦度为

$$\varphi = \frac{1}{f'} \tag{2-37}$$

表示像方焦距的倒数。式（2-37）还可以写作

$$\varphi = \varphi_1 + \varphi_2 - d\varphi_1\varphi_2 \tag{2-38}$$

当两个光组主平面间的距离 d 为零时，即在密接薄透镜组的情况下有

$$\varphi = \varphi_1 + \varphi_2 \tag{2-39}$$

例 2.7 图 2-19 所示的光学系统由两个薄透镜（物方、像方主平面重合）组合而成，两个薄透镜的焦距分别为 $f_1' = 500$ mm，$f_2' = -400$ mm，间隔 $d = 300$ mm。求组合系统的焦距 f'，像方主平面位置 l_H'，以及像方焦点位置 l_F'。

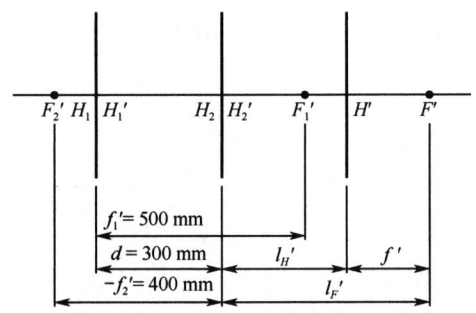

图 2-19 双透镜组合

解：由式（2-37）和式（2-38）可得

$$\frac{1}{f'} = \varphi$$
$$= \varphi_1 + \varphi_2 - d\varphi_1\varphi_2$$
$$= \frac{1}{f_1'} + \frac{1}{f_2'} - \frac{d}{f_1'f_2'}$$
$$= \frac{1}{500} + \frac{1}{-400} - \frac{300}{500 \times (-400)}$$
$$= 0.001\,(\text{mm}^{-1})$$

于是有

$$f' = 1\,000\ \text{mm}$$

将上式代入焦点和主点公式可得

$$l_F' = f'(1 - d/f_1') = 1\,000 \times (1 - 300/500) = 400\,(\text{mm})$$
$$l_H' = -f'd/f_1' = -1\,000 \times 300/500 = -600\,(\text{mm})$$

2.8 节平面和节点

在理想光学系统中，除一对主平面 H、H' 和两个焦点 F、F' 外，有时还会用到一对特殊的节点和节平面。

2.8.1 概念

节平面是角放大率 $\gamma = 1$ 的一对共轭面，在物空间的节平面称为物方节平面，在像空间的节平面称为像方节平面。节平面与光轴的交点叫作节点，位于物空间的称为物方节点，位于像空间的称为像方节点，分别用 J、J' 表示。节点示意图如图 2-20 所示。

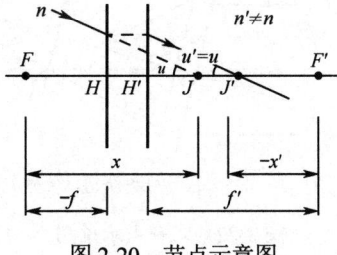

图 2-20 节点示意图

根据节点性质，凡通过物方节点 J 的光线，其出射光线必定通过像方节点 J'，并且与入射光线平行。根据角放大率公式：

$$\gamma = \frac{x}{f'} = \frac{f}{x'} = 1 \qquad (2\text{-}40)$$

可以得出

$$x_J = f', \quad x'_J = f \qquad (2\text{-}41)$$

即物方焦点 F 到物方节点 J 的距离等于像方焦距 f'，而由像方焦点 F' 到像方节点 J' 的距离等于物方焦距 f。当物像空间介质的折射率相等时，有 $f' = -f$，因此有

$$x_J = -f, \quad x'_J = -f' \qquad (2\text{-}42)$$

显然此时物方节点 J 位于 H 主平面上、像方节点 J' 位于 H' 主平面上，在这种情况下主平面也是节平面。

2.8.2 应用

1. 作图

在用作图法求理想像时，若节点与主点重合，则物点和节点的连线可作为第三条特殊光线。利用节点的性质求像示意图如图 2-21 所示，图中 BJ 光线的共轭光线为 $J'B'$，结合 $I'_1 B'$ 光线，可以找出物点 B 的像点 B'。

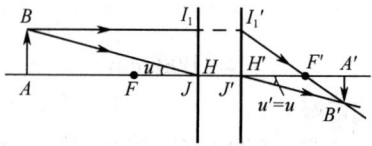

图 2-21 利用节点的性质求像示意图

2. 测定光学系统的基点

由于节点具有入射光线和出射光线彼此平行的特性，所以时常用于测定光学系统的基点位置。求基点示意图如图 2-22 所示。假定一束平行光射入光学系统，使光学系统绕通过像方节点 J' 的轴线左右摆动，由于入射光线方向不变而且彼此平行，根据节点性质，通过像方节点 J' 的出射光线一定平行于入射光线。同时因为转轴过 J' 点，所以出射光线 $J'Q'$ 的方向和位置不会因光学系统的摆动而改变，对应的像点一定在出射光线 $J'Q'$ 上，因此像点也不会因光学系统的摆动而左右移动。通过一边摆动光学系统，一边寻找像点不动处，可以确定该点必为像方节点；同理，翻转光学系统可以找到物方节点，绝大多数光学系统都位于空气中，找到节点位置就找到了主点位置。

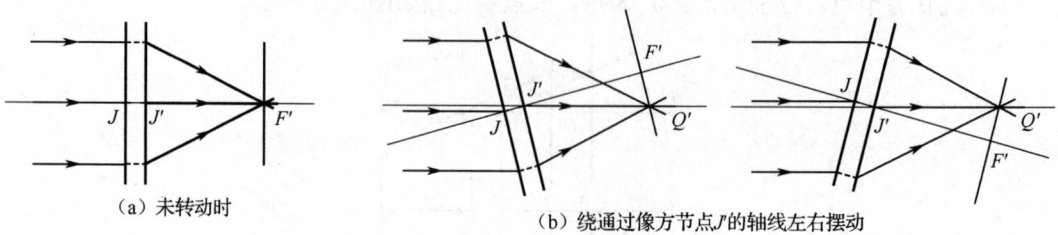

图 2-22 求基点示意图

可以将节点性质应用于拍摄大型团体照片的周视照相机中,当物镜绕像方节点 J' 转动时,不同视场对应的物平面可以成像在相片不同位置,其原理图如图 2-23 所示。例如,物平面 A_1B_1 成像为相片上的 $A_1'B_1'$,物平面 B_1B 成像为相片上的 $B_1'B'$,其他物平面类似,因此可以把整个拍摄对象成像在相片上,从而获得比未转动状态下更大的成像范围。

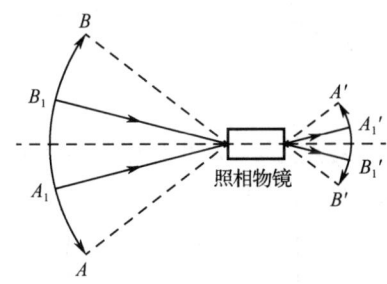

图 2-23 利用节点性质拍摄大型场景的原理图

习题

2.1 将透镜放在空气中,利用软件编程计算并分析透镜成像时的物距、像距变化规律。
(1)针对正透镜组($f' > 0$),任意设置一个焦距,画出像距 l' 随物距 l 变化的曲线。
(2)针对负透镜组($f' < 0$),任意设置一个焦距,画出像距 l' 随物距 l 变化的曲线。
(3)以下物距对应的像距是多少?

$$l = -\infty, -2f', -f', -\frac{f'}{2}, 0, \frac{f'}{2}, f', 2f', \infty$$

2.2 一个放置在空气中的透镜组,物像方主平面间隔 $HH' = 10\,\text{mm}$。针对以下情况,分别用作图法求像的位置和大小。
(1)透镜组焦距 $f_1' = 50\,\text{mm}$,物高 $h = -20\,\text{mm}$,物距 $l = 50\,\text{mm}$。
(2)透镜组焦距 $f_1' = 50\,\text{mm}$,物高 $h = 20\,\text{mm}$,物距 $l = -100\,\text{mm}$。
(3)透镜组焦距 $f_1' = -50\,\text{mm}$,物高 $h = -20\,\text{mm}$,物距 $l = 100\,\text{mm}$。
(4)透镜组焦距 $f_1' = -50\,\text{mm}$,物高 $h = 20\,\text{mm}$,物距 $l = -50\,\text{mm}$。

2.3 如图 2-24 所示,已知一对共轭点 A、A' 的位置和系统像方焦点 F' 的位置。假定物像空间介质的折射率相同,用作图法求出该光学系统的物方和像方主平面位置及物方焦点位置。

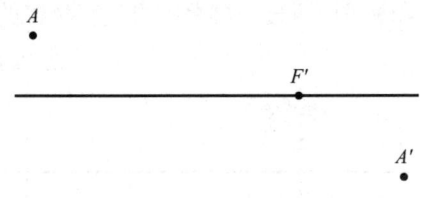

图 2-24 题 2.3 图

2.4 图 2-25 中的 L 为薄透镜,已知两条入射光线 AB、DE,以及光线 AB 经透镜后的出射光线 BC。用作图法求光线 BC 穿过透镜后的共轭光线。

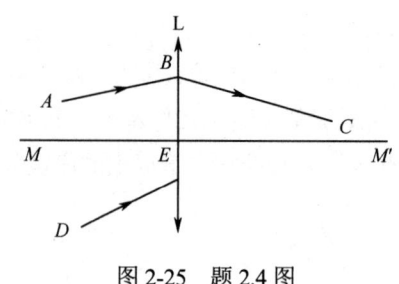

图 2-25 题 2.4 图

2.5 如图 2-26 所示，已知一对焦点 F、F' 和节点 J、J' 的位置。假定物像空间介质的折射率不同，用作图法求该光学系统的物方和像方主平面位置。

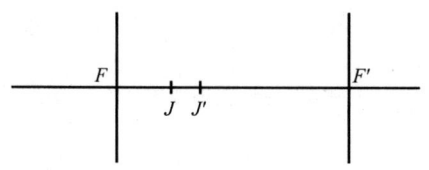

图 2-26 题 2.5 图

2.6 有一个蜡烛放置在离投影屏幕 200 mm 处，在蜡烛和投影屏幕之间放入一个薄透镜，在移动薄透镜时，发现透镜在两个位置可使蜡烛清晰成像于投影屏幕，这两个位置相距 40 mm。
（1）求透镜的焦距。
（2）求成清晰像时的垂轴放大率。

2.7 远摄物镜由一个前正透镜组和一个后负透镜组组成，$f_1' = 70$ mm，$f_2' = -98$ mm，将前、后透镜组视为薄透镜。
（1）要使系统总焦距 $f' = 127$ mm，前、后透镜组之间的间隔应为多少？
（2）如果物平面位于第一个透镜组前方 10 m，移动第二个透镜组，使像平面位于移动前组合系统的像方焦平面上，求第二个透镜组移动的方向和距离。

2.8 倒像系统用于倒转成像方向，设其由前、后两个透镜组组成。两个透镜组可视为薄透镜，焦距分别为 $f_1' = 100$ mm、$f_2' = 50$ mm，物平面位于第一个透镜组的物方焦平面，问该系统的垂轴放大率为多少？

2.9 投影系统利用投影物镜将物平面发出的光成像在投影屏幕上，如图 2-27 所示，物和投影屏幕的位置固定。当投影物镜放在某位置时，成像位置在投影屏幕前方 20 mm。当投影物镜向物移近 0.8 mm 时，可清晰成像于投影屏幕。求投影物镜的垂轴放大率。

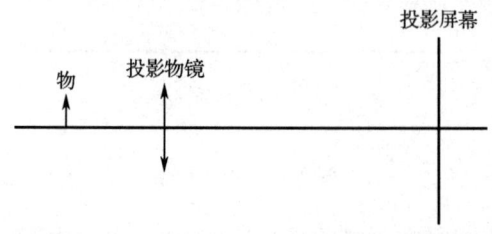

图 2-27 题 2.9 图

2.10 反远摄物镜由前负透镜组和后正透镜组组成，被广泛用作单透镜反射式相机的短焦距广角物镜。将前、后透镜组视为薄透镜，设计一个最简单的结构，使系统总焦距 $f' = 16$ mm，系统总长度（透镜第一面到像方焦面的距离）为125 mm，系统最后一面到像方焦面的距离为56 mm，计算前、后两个透镜组的焦距。

2.11 用焦距 $f' = 50$ mm 的照相机从水面正上方拍摄水下的鱼，鱼距离水面 1 m，相机镜头物方焦点距离水面 1 m，若鱼的长度为 10 cm，则相机 CMOS 上所成像的长度为多少？相机 CMOS 与镜头像方焦点距离为多少？（水的折射率 $n = 4/3$）

第3章 球面成像

实际光学系统大多是通过透镜实现折射成像的，各透镜元件表面一般为球面，这是因为球面元件便于加工。因此，本章分析球面元件的折射成像特性。通过分析折射球面的成像规律，可以了解物体与像的位置关系及物体距离和像的大小关系，这对于光学实验和光学元件的设计具有重要指导意义。

3.1 折射球面成像计算

光学系统一般由多个透镜组成，具有多个折射球面。在分析多球面系统成像时，先分析单个折射球面的物像关系，然后将整个光学系统中的各折射球面按照同样的方法进行处理，就可以得到整个光学系统的成像情况。

若球面系统各透镜的球心位于同一条直线上，则称之为共轴球面系统，这条直线称为该共轴球面系统的光轴。实际上，光学系统的光轴是系统的对称轴。通过物点和光轴的截面称为子午面，光轴上物点有无数个子午面，而轴外物点只有一个子午面。与子午面正交的截面称为弧矢面。物方光线与光轴的交点到顶点的距离 L 称为物方截距，像方光线与光轴的交点到顶点的距离 L' 称为像方截距。物方光线与光轴的夹角（锐角）U 称为物方孔径角，像方光线与光轴的夹角（锐角）U' 称为像方孔径角。单个折射球面成像示意图如图 3-1 所示。

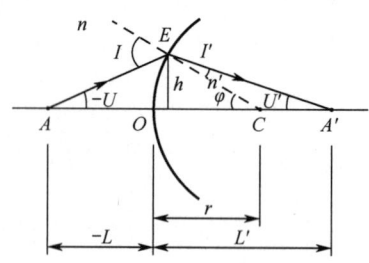

图 3-1 单个折射球面成像示意图

3.1.1 符号规则

与第 2 章的符号规则一致，只是球面涉及具体面形，下面对不同之处进行说明。

（1）光线的传播方向。

在进行光路计算时，光线自左向右传播的距离为正，沿轴线段以球面顶点 O 为起点光线自左向右传播的距离为正；垂轴 h 以光轴为起点，向上为正，向下为负。

（2）球面曲率半径的正负性。

球面的曲率半径在球心在球面顶点右方时为正；在球心在球面顶点左方时为负。

（3）角度的正负性。

角度一律以锐角来度量，顺时针为正，逆时针为负。规定对于光线与光轴夹角，光轴转向光线时为正；对于光线与法线夹角，在光线转向法线时为正；对于光轴与法线夹角，在光轴转向法线时为正。

（4）折射球面之间长度的正负性。

折射球面之间的长度以前一面顶点算起到下一面顶点，自左向右为正。

3.1.2 成像计算公式

根据图 3-1，折射球面成像问题可以转换为已知折射球面的结构参量 n、n' 和 r，给定入射光线坐标 L 和 U，计算出射光线坐标 L' 和 U'。

方法一：利用费马原理，先算出 A 点到 A' 点的光程，再利用 $\mathrm{d}s/\mathrm{d}\varphi=0$，即可得出球面成像公式，有兴趣的读者可以尝试推导。

方法二：利用简单的几何关系。

像方孔径角为

$$U' = \varphi - I' = I + U - I' \tag{3-1}$$

像方截距为

$$L' = r + x = r + r\frac{\sin I'}{\sin U'} \tag{3-2}$$

为了求出 L' 和 U'，需要求出 I 和 I'。

为此，在 $\triangle AEC$ 中使用正弦定理可以求出 I：

$$\frac{\sin(-U)}{r} = \frac{\sin(180°-I)}{r-L} = \frac{\sin I}{r-L} \tag{3-3}$$

根据折射定律，I' 可以由 I 求出：

$$\sin I' = \frac{n}{n'}\sin I \tag{3-4}$$

式（3-1）~式（3-4）就是计算子午面内球面成像光线的基本公式。

应当注意的是，当物体位于物方光轴上无限远处，物体发出的光束是平行于光轴的平行光束时，即当 $L=-\infty$，$U=0$ 时，不能使用式（3-3），直接按图 3-2 计算 I：

$$\sin I = h/r \tag{3-5}$$

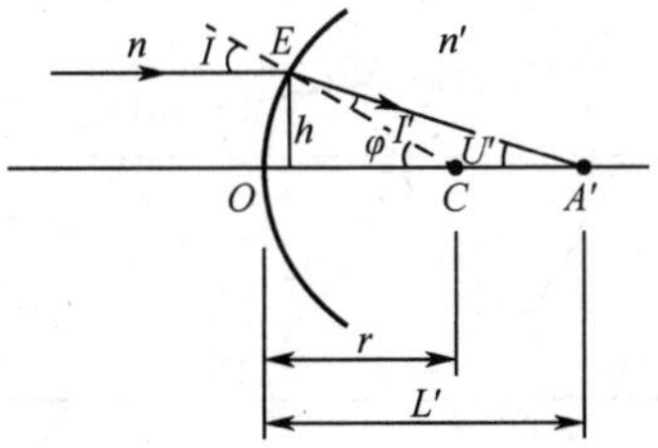

图 3-2 与光轴平行的光线成像示意图

在计算完第一个折射球面后，其折射光线就是第二个折射球面的入射光线，如图 3-3 所示。此时，可以通过转面公式：

$$U_2 = U_1' \tag{3-6}$$

$$L_2 = L_1' - d \tag{3-7}$$

继续开展下一个折射球面的计算。若两个折射球面间无法成实像，则对于第二个折射球面而言物点为虚物，转面公式不受影响仍然可用。利用式（3-1）~式（3-7）计算成像光线光路的过程通常称为光线追迹。

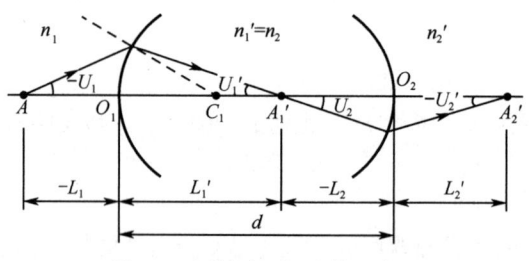

图 3-3 折射球面间成像示意图

3.2 折射球面成像不理想

从式（3-1）~式（3-4）可以看出，L'、U' 与 L、U 是三角函数关系，因此即便 L 相同，U 不同也会导致 U' 和 L' 线性增长不同。这一点可以通过例 3.1 来加以说明。

例 3.1 如图 3-4 所示，从物点 A 发出一条光线，该光线通过球面透镜。透镜参数如下：
$n_1 = 1.0$，$n_1' = n_2 = 1.5$，$n_2' = 1.0$，$r_1 = 10$ mm，$d_1 = 5$ mm，$r_2 = -50$ mm

若 $L_1 = -100$ mm，求像点的位置。

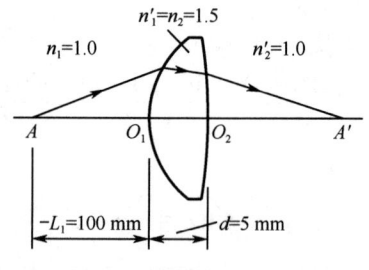

图 3-4 透镜成像示意图

解：（1）先求入射光线通过第一个折射球面后的位置。

第一个球面成像示意图如图 3-5 所示。

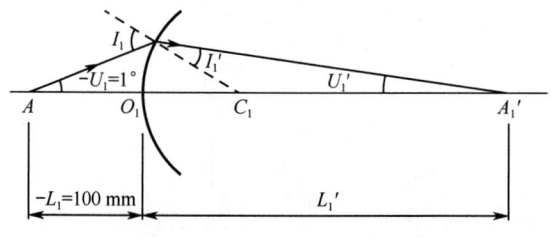

图 3-5 第一个球面成像示意图

当 $U_1 = -1°$ 时，由式（3-1）可得

$$\sin I_1 = (L_1 - r_1)\frac{\sin U_1}{r_1} = (-100-10)\frac{\sin(-1°)}{10} \approx 0.19198$$

$$I_1 \approx 11.068°$$

$$\sin I_1' = \frac{n}{n'}\sin I_1 = \frac{1}{1.5} \times 0.19198 \approx 0.12799$$

$$I_1' \approx 7.353°$$

$$U_1' = I_1 + U_1 - I_1' = 11.068° - 1° - 7.353° = 2.715°$$

$$L_1' = r_1 + r_1 \frac{\sin I_1'}{\sin U_1'} = 10 \times \left(1 + \frac{0.127\,99}{\sin 2.715°}\right) \approx 37.020\,\text{mm}$$

（2）再求出射光线通过第二个折射球面后的位置。

第二个球面成像示意图如图 3-6 所示。

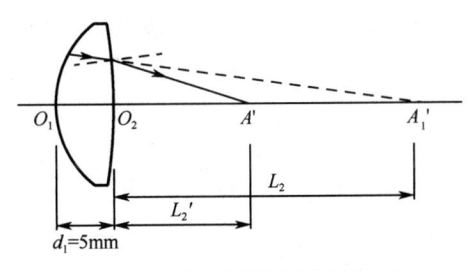

图 3-6　第二个球面成像示意图

利用转面公式：

$$U_2 = U_1' = 2.715°$$
$$L_2 = L_1' - d_1 = 32.020\,\text{mm}$$

可得

$$\sin I_2 = (L_2 - r_2)\frac{\sin U_2}{r_2} = (32.020 + 50)\frac{\sin(2.715°)}{-50} \approx -0.077\,7$$

$$\sin I_2' = \frac{n}{n'}\sin I_2 = \frac{1.5}{1}\times(-0.077\,7) = -0.116\,55$$

$$I_2 \approx -4.456\,4°,\ I_2' = -6.693\,2°$$

$$U_2' = I_2 + U_2 - I_2' = 4.951\,8°$$

$$L_2' = r_2 + r_2\frac{\sin I_2'}{\sin U_2'} = -50 \times \left(1 + \frac{-0.115\,05}{\sin 4.922\,6°}\right) = 17.512\,3\,\text{mm}$$

同理，当 $U_1 = -2°$ 时有

$$U_2' = 10.465°$$
$$L_2' = 16.617\,2\,\text{mm}$$

当 $U_1 = -3°$ 时有

$$U_2' = 17.456°$$
$$L_2' = 14.955\,8\,\text{mm}$$

可见，实际上形成的像点很多，如图 3-7 所示，所有像点会形成一个圆斑，不是一个点，也就是产生了球差，这一点将在第 7 章进行介绍。

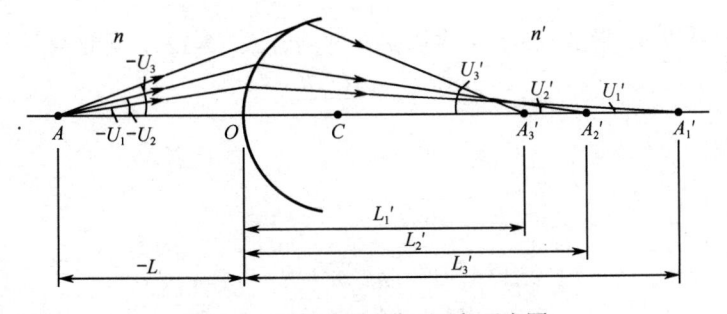

图 3-7　折射球面成像不理想示意图

3.3 球面近轴成像

当 U 在一个很小的范围内时,从 A 点发出的所有光线都与光轴非常接近,这样的光线称为近轴光,光轴附近很小的区域称为近轴区,此时形成的像斑很小,与理想成像类似。

此时,将式(3-1)~式(3-4)中的所有字母用小写表示,并代入折射球面光路成像计算公式可得

$$i = \frac{l-r}{r}u \tag{3-8}$$

$$i' = \frac{n}{n'}i \tag{3-9}$$

$$u' = i + u - i' \tag{3-10}$$

$$l' = r + r\frac{i'}{u'} \tag{3-11}$$

由此可知,i、i'、u' 都与 u 呈线性关系,也就是说在近轴区对于给定的 l,无论 u 为何值,l' 均为定值,如图 3-8 所示,说明该像为高斯像,又称理想像。通过高斯像点且垂直于光轴的像称为高斯像平面。

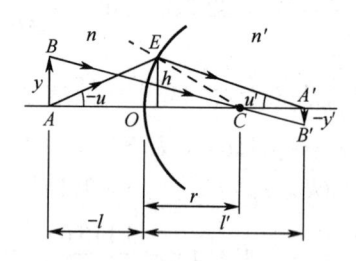

图 3-8 球面成像示意图

在近轴条件下有

$$h = lu = l'u' \tag{3-12}$$

3.4 单个折射球面近轴成像

如上文所述,在近轴区可以得到一个理想的像,其成像公式和理想成像公式一样,是唯一的。

3.4.1 物像位置关系式

将式(3-8)乘以 n,将式(3-11)乘以 n',并结合式(3-12),可推得

$$n'u' - nu = \frac{n'-n}{r}h \tag{3-13}$$

由于

$$h = lu = l'u'$$

因此两端同除 h 可得

$$\frac{n'}{l'} - \frac{n}{l} = \frac{n'-n}{r} \tag{3-14}$$

这就是单个折射球面物像位置的关系式。式（3-14）中等号右侧仅与光学介质的折射率及球面曲率半径有关，表征了折射面偏折光线的能力，称为折射球面的光焦度，用 φ 表示：

$$\varphi = \frac{n'-n}{r} \tag{3-15}$$

当 $\varphi > 0$ 时，光线汇聚出射；当 $\varphi = 0$ 时，光线经平面后折射；当 $\varphi < 0$ 时，光线发散出射。

将式（3-14）变形可以得到

$$n\left(\frac{1}{r}-\frac{1}{l}\right) = n'\left(\frac{1}{r}-\frac{1}{l'}\right) = Q \tag{3-16}$$

由式（3-16）可知，物空间的 $n\left(\dfrac{1}{r}-\dfrac{1}{l}\right)$ 和像空间的 $n'\left(\dfrac{1}{r}-\dfrac{1}{l'}\right)$ 相等，称该值为阿贝不变量，用 Q 表示，Q 的大小与共轭点的位置相关。

3.4.2 物像大小关系式

1. 垂轴放大率

在图 3-8 中，由 $\triangle ABC$ 和 $\triangle A'B'C'$ 相似可得

$$\frac{-y'}{y} = \frac{l'-r}{-l+r} \tag{3-17}$$

由式（3-16）可得

$$\frac{l'-r}{l-r} = \frac{nl'}{n'l} \tag{3-18}$$

于是有

$$\beta = \frac{y'}{y} = \frac{nl'}{n'l} \tag{3-19}$$

当 $\beta > 0$ 时，y' 与 y 同号成正像，l' 与 l 同号，物像虚实相反，如图 3-9 所示。

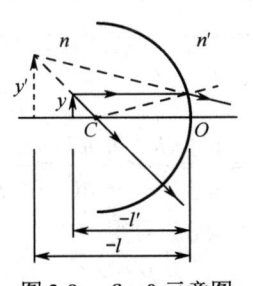

图 3-9 $\beta > 0$ 示意图

当 $\beta < 0$ 时，y' 与 y 异号成倒像，l' 与 l 异号，物像虚实相同，如图 3-10 所示。

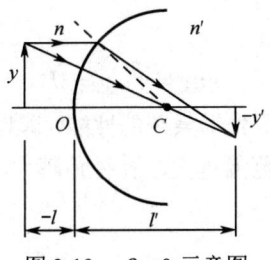

图 3-10 $\beta < 0$ 示意图

2. 轴向放大率

轴向放大率示意图如图 3-11 所示。对 $\dfrac{n'}{l'} - \dfrac{n}{l} = \dfrac{n'-n}{r}$ 进行微分，可得

$$-\dfrac{n'\mathrm{d}l'}{l'^2} + \dfrac{n\mathrm{d}l}{l^2} = 0 \tag{3-20}$$

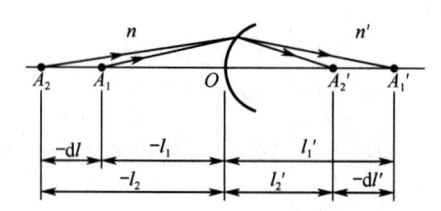

图 3-11 轴向放大率示意图

于是有

$$\alpha = \dfrac{\mathrm{d}l'}{\mathrm{d}l} = \dfrac{nl'^2}{n'l^2} = \dfrac{n'}{n}\left(\dfrac{nl'}{n'l}\right)^2 = \dfrac{n'}{n}\beta^2 \tag{3-21}$$

3. 角放大率

对于如图 3-12 所示的角放大率示意图有

$$l'u' = lu \tag{3-22}$$

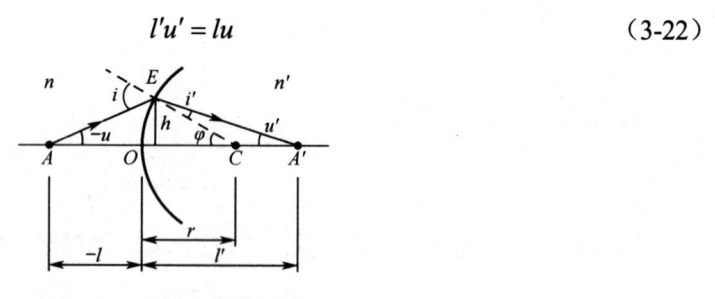

图 3-12 角放大率示意图

于是有

$$\gamma = \dfrac{u'}{u} = \dfrac{l}{l'} = \dfrac{n}{n'}\dfrac{n'l}{nl'} = \dfrac{n}{n'}\dfrac{1}{\beta} \tag{3-23}$$

由式（3-19）、式（3-21）和式（3-23）可得

$$\beta = \alpha\gamma \tag{3-24}$$

由此可见，对近轴区分析得到的结论和理想光学系统得到的结论一样。

4. 物像空间不变式

由式（3-19）和式（3-23）可得

$$nuy = n'u'y' = J \tag{3-25}$$

J 称为拉格朗日不变量，表征了光学系统的性能，即以多高的物、多大孔径角的光线入射成像。J 越大，表明光学系统成像范围越大、孔径角越大、传输的光能越多。

3.5 共轴球面系统近轴成像

与理想多光组光学系统一样，用单个折射球面成像公式和转面公式对球面一个一个进行计算，其中任一单个折射球面成像位置关系式为

$$\frac{n_i'}{l_i'} - \frac{n_i}{l_i} = \frac{n_i' - n_i}{r_i} \tag{3-26}$$

球面物像空间关系如下。

折射率关系为

$$n_2 = n_1', \ n_3 = n_2', \ \cdots, \ n_k = n_{k-1}' \tag{3-27}$$

孔径角关系为

$$u_2 = u_1', \ u_3 = u_2', \ \cdots, \ u_k = u_{k-1}' \tag{3-28}$$

物像大小关系为

$$y_2 = y_1', \ y_3 = y_2', \ \cdots, \ y_k = y_{k-1}' \tag{3-29}$$

物像截距关系为

$$l_2 = l_1' - d_1, \ l_3 = l_2' - d_2, \ \cdots, \ l_k = l_{k-1}' - d_{k-1} \tag{3-30}$$

由以上内容可知，共轴球面系统的垂轴放大率为

$$\beta = \frac{y_k'}{y_1} = \frac{y_1'}{y_1} \frac{y_2'}{y_2} \cdots \frac{y_k'}{y_k} (y_1' = y_2, y_2' = y_3, \cdots, y_{k-1}' = y_k) = \beta_1 \beta_2 \cdots \beta_k \tag{3-31}$$

轴向放大率为

$$\alpha = \frac{\mathrm{d}l_k'}{\mathrm{d}l_1} = \frac{\mathrm{d}l_1'}{\mathrm{d}l_1} \frac{\mathrm{d}l_2'}{\mathrm{d}l_2} \cdots \frac{\mathrm{d}l_k'}{\mathrm{d}l_k} (\mathrm{d}l_1' = \mathrm{d}l_2, \mathrm{d}l_2' = \mathrm{d}l_3, \cdots, \mathrm{d}l_{k-1}' = \mathrm{d}l_k) = \alpha_1 \alpha_2 \cdots \alpha_k \tag{3-32}$$

角放大率为

$$\gamma = \frac{u_k'}{u_1} = \frac{u_1'}{u_1} \frac{u_2'}{u_2} \cdots \frac{u_k'}{u_k} (u_1' = u_2, u_2' = u_3, \cdots, u_{k-1}' = u_k) = \gamma_1 \gamma_2 \cdots \gamma_k \tag{3-33}$$

也就是说共轴球面系统的垂轴放大率、轴向放大率、角放大率均为其所有组成球面相应放大率的连乘积。

系统的拉格朗日不变量可以写为

$$J = n_1 u_1 y_1 = n_2 u_2 y_2 = \cdots = n_k u_k y_k = n_k' u_k' y_k' \tag{3-34}$$

对于整个光学系统的每一个面、每一个空间来说，J 都是一个不变量。

例 3.2 对于例 3.1 中的透镜，求近轴条件下成像的像距 l_2'、像高 y' 和垂轴放大率 β。

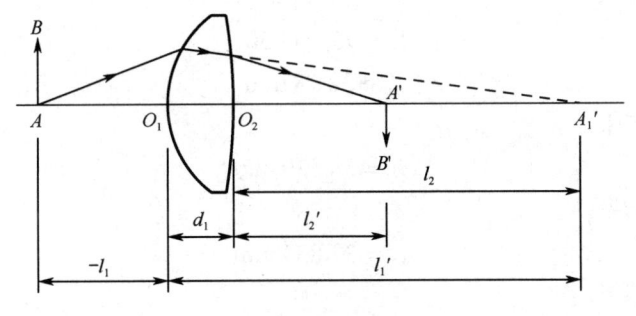

图 3-13 透镜成像求解示意图

解：（1）先求入射光线通过第一个折射球面后的位置，示意图如图 3-14 所示。
由题意将对应数值代入下式：

$$\frac{n_1'}{l_1'} - \frac{n_1}{l_1} = \frac{n_1' - n_1}{r_1}$$

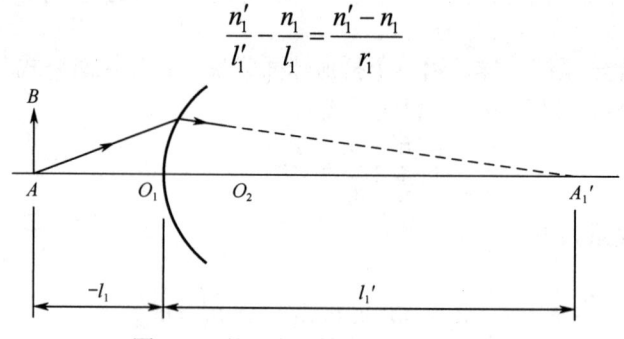

图 3-14 第一个折射球面求解示意图

可得

$$\frac{1.5}{l_1'} - \frac{1}{-100} = \frac{1.5 - 1}{20}$$

$$l_1' = 100 \text{ mm}$$

对比例 3.1 中 $-1°$ 的追迹结果：

$$L_1' = 99.444 \text{ mm}$$

（2）再对第二个折射球面进行计算。
第二个折射球面求解示意图如图 3-15 所示。

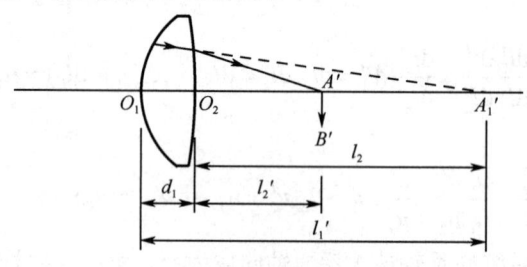

图 3-15 第二个折射球面求解示意图

利用转面公式可得

$$l_2 = l_1' - d_1 = 95 \text{ mm}$$

$$\frac{n_2'}{l_2'} - \frac{n_2}{l_2} = \frac{n_2' - n_2}{r_2}$$

$$\frac{1}{l_2'} - \frac{1.5}{95} = \frac{1 - 1.5}{-50}$$

$$l_2' \approx 38.78 \text{ mm}$$

对比 $-1°$ 追迹结果：

$$L_2' = 38.539 \text{ mm}$$

对比 $-2°$ 追迹结果：

$$L_2' = 37.834 \text{ mm}$$

对比 $-3°$ 追迹结果：

$$L_2' = 36.641 \text{ mm}$$

由此可见，近轴角度越小，像距越接近理想成像值。

垂轴放大率：

$$\beta = \beta_1\beta_2 = \frac{n_1 l_1'}{n_1' l_1}\frac{n_2 l_2'}{n_2' l_2} = \frac{l_1'}{l_1}\frac{l_2'}{l_2} \approx -0.408$$

像高：

$$y' = \beta y = \frac{n_1 l_1'}{n_1' l_1}\frac{n_2 l_2'}{n_2' l_2} y = \frac{l_1'}{l_1}\frac{l_2'}{l_2} y \approx -8.16\text{ mm}$$

3.6 单个折射球面的基点和基面

3.6.1 主平面

主平面示意图如图 3-16 所示。

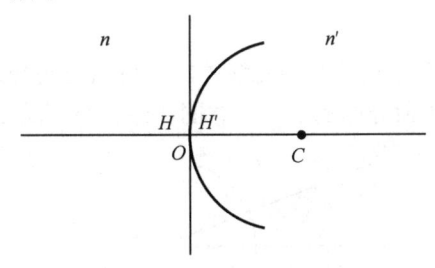

图 3-16 主平面示意图

根据主平面的定义可得

$$\beta = \frac{y'}{y} = \frac{nl'}{n'l} = 1 \tag{3-35}$$

将其代入式（3-14）可得

$$\frac{n'-n}{r} \times \frac{n'}{n} l^2 = 0 \tag{3-36}$$

于是有

$$l = 0 \tag{3-37}$$

因此，球面的两个主点 H 和 H' 与球面顶点重合，物方主平面和像方主平面就是过球面顶点的切平面。

3.6.2 焦点和焦距

入射光线平行于光轴，记经球面折射后与光轴的交点为 F'。这个特殊点是无限远轴上物点的像点，称为折射球面的像方焦点。此时，像距称为像方焦距，用 f' 表示，如图 3-17 所示。

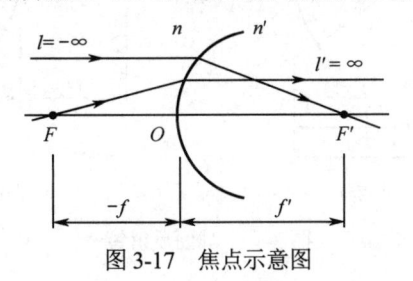

图 3-17 焦点示意图

将 $l = -\infty$ 代入单个折射球面关系式（3-26）可得

$$l'_{l=-\infty} = f' = \frac{n'}{n'-n}r \tag{3-38}$$

像距为无限远时对应的物点称为折射球面的物方焦点或前焦点，记为 F。此时，物距称为物方焦距或前焦距，记为 f，有

$$l_{l'=\infty} = f = -\frac{n}{n'-n}r \tag{3-39}$$

由式（3-38）和式（3-39）可以看出，折射球面的两个焦距符号相反，且有

$$f' + f = r \tag{3-40}$$

用式（3-38）除以式（3-39）可得，单个折射球面两个焦距之间有如下关系：

$$\frac{f'}{f} = -\frac{n'}{n} \tag{3-41}$$

3.6.3 节点

由节点的定义可知，只有通过球心的光线才能保持出射角与入射角等大，因此球心就是单个折射球面的节点。单个折射球面的节点示意图如图3-18所示。

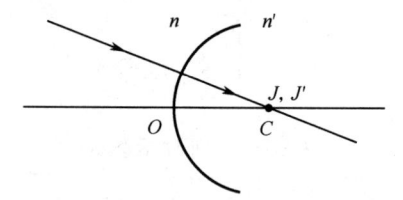

图 3-18　单个折射球面的节点示意图

3.7　球面反射镜

对于球面反射镜而言，光线会反射回原空间，根据符号规则，此时 $n' = -n$，由式（3-39）～式（3-41）可得

$$f' = f = \frac{r}{2} \tag{3-42}$$

由此可知，球面反射镜的两个焦点重合，如图3-19所示。

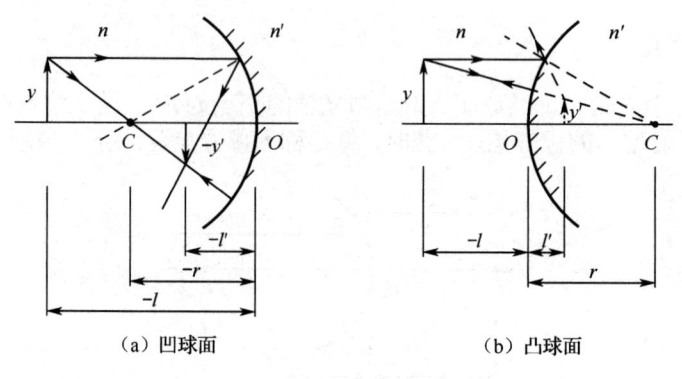

（a）凹球面　　　　（b）凸球面

图 3-19　球面反射镜

对于凹球面反射镜来说，由于 $r<0$，$f'<0$，所以其焦点为实焦点，光束汇聚。

对于凸球面反射镜来说，由于 $r>0$，$f'>0$，所以其焦点为虚焦点，光束发散。

3.8 透镜的主平面和焦点

单透镜由两个球面组成，每个折射面都可以看作一个光组，因此计算单透镜的主平面和焦点，就是计算由两个球面构成的组合系统的主平面和焦点，相当于应用第 2 章中双光组光学系统涉及的公式。

透镜示意图如图 3-20 所示。已知单透镜的两个球面半径分别为 r_1 和 r_2，厚度为 d，折射率为 n，求其主平面和焦距。

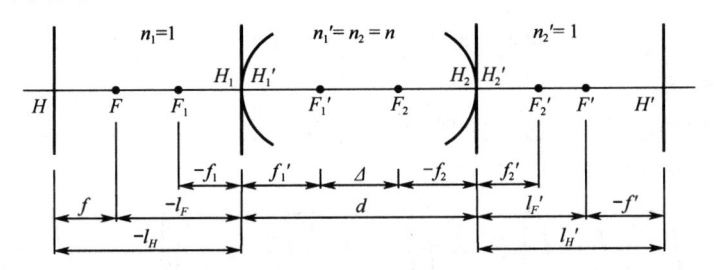

图 3-20 透镜示意图

应用式（3-38）和式（3-39），可以得到

$$f_1' = \frac{n_1' r_1}{n_1' - n_1} = \frac{nr_1}{n-1} \tag{3-43}$$

$$f_1 = \frac{-n_1 r_1}{n_1' - n_1} = \frac{-r_1}{n-1} \tag{3-44}$$

$$f_2' = \frac{n_2' r_2}{n_2' - n_2} = \frac{r_2}{1-n} \tag{3-45}$$

$$f_2 = \frac{-n_2 r_2}{n_2' - n_2} = \frac{-nr_2}{1-n} \tag{3-46}$$

单个折射球面的两个主平面都与球面顶点重合，透镜厚度 d 就是两个单折射球面主平面间的距离，代入双光组光学系统公式，可求出透镜主平面和焦点：

$$\frac{1}{f'} = (n-1)\left(\frac{1}{r_1} - \frac{1}{r_2}\right) + \frac{(n-1)^2 d}{nr_1 r_2} \tag{3-47}$$

于是主平面位置为

$$l_H = x_F + f_1 - f = \frac{-r_1 d}{n(r_2 - r_1) + (n-1)d} \tag{3-48}$$

$$l_H' = x_F' + f_2' - f' = \frac{-r_2 d}{n(r_2 - r_1) + (n-1)d} \tag{3-49}$$

用 a 表示两个主平面之间的距离 HH'，其符号规则为以物方主点 H 为起点，计算到像方主点 H'，由左向右为正。由图 3-20 可知：

$$a = d - l_H + l_H' \tag{3-50}$$

将由式（3-48）和式（3-49）求得的 l_H 和 l_H' 代入式（3-50）并简化，可得

$$a = \frac{d(n-1)(r_2 - r_1 + d)}{n(r_2 - r_1) + (n-1)d} \tag{3-51}$$

对于薄透镜来说，厚度 d 较两个半径之差（$r_2 - r_1$）小得多，将 d 略去，则薄透镜公式为

$$\frac{1}{f'} = (n-1)\left(\frac{1}{r_1} - \frac{1}{r_2}\right) \tag{3-52}$$

$$l_H = \frac{-r_1 d}{n(r_2 - r_1)} \tag{3-53}$$

$$l'_H = \frac{-r_2 d}{n(r_2 - r_1)} \tag{3-54}$$

$$a = \frac{n-1}{n} d \tag{3-55}$$

由此可以看出，对于薄透镜来说两个主平面间的距离 a 只与透镜厚度 d 及折射率 n 有关，并不受透镜形状影响。

对于不同形状的透镜，如图 3-21 所示，可以先通过公式判断其主平面和焦点位置，进而判断其是正透镜还是负透镜。

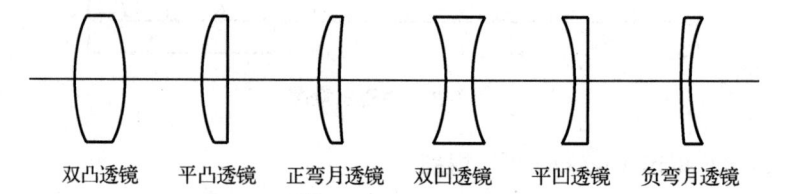

图 3-21 不同形状的透镜

下面以双凸透镜来加以说明。

例 3.3 判断如图 3-22 所示的双凸透镜（$r_1 > 0$，$r_2 < 0$）的主平面和焦点位置。

双凸透镜示意图如图 3-22 所示。

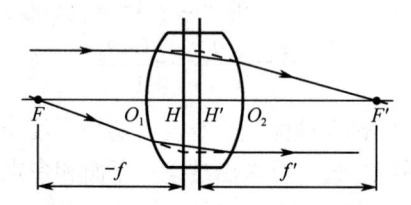

图 3-22 双凸透镜示意图

两个折射面的焦距：

$$f_1 = -\frac{r_1}{n-1} < 0, \quad f'_1 = \frac{nr_1}{n-1} > 0$$

$$f_2 = \frac{nr_2}{n-1} < 0, \quad f'_2 = -\frac{r_2}{n-1} > 0$$

当 $n(r_2 - r_1) + (n-1)d < 0$ 时有

$$d < -\frac{n(r_2 - r_1)}{n-1} = \frac{nr_1}{n-1} - \frac{nr_2}{n-1} = f'_1 - f_2$$

此时：

$$l'_H = \frac{-r_2 d}{n(r_2 - r_1) + (n-1)d} < 0$$

所以主平面在透镜内部。
再根据：

$$\frac{1}{f'} = (n-1)\left(\frac{1}{r_1} - \frac{1}{r_2}\right)$$

可知：

$$f' > 0$$

此时，双凸透镜表现为正透镜。

习题

3.1 一个平凸透镜的第一个折射球面为凸面，凸面曲率半径为 100 mm；第二个折射球面为平面，透镜厚度为 5 mm，折射率为 1.5。
（1）一束光轴附近的平行于光轴的细光线入射时的像点在何处？
（2）当紧挨第二个折射球面的光轴上有一个点光源时，该点光源发出的光线经透镜成像在何处？
（3）当入射平行光线高度 $h=1$ mm 时，实际光线和光轴的交点在何处？该光线在高斯像平面上的交点高度是多少？这个值说明了什么？

3.2 有一个装满水的球形鱼缸，其直径为 400 mm，鱼缸正中心有一条鱼，人与鱼缸中心的距离为 1 m。设玻璃厚度可忽略不计，水的折射率 $n=4/3$。
（1）人看到的鱼在何处？
（2）鱼看到的人在何处？

3.3 透镜前后表面曲率半径分别为 $r_1 = 100$ mm、$r_2 = -100$ mm，透镜厚度 $d = 5$ mm，折射率 $n = 1.5$，在透镜后表面镀反射膜。
（1）求该透镜像方焦点的位置。
（2）在透镜第一个折射球面左侧光轴上，距透镜 400 mm 处放置一个高为 10 mm 的物体，求最终成像的位置和大小。

3.4 在一张报纸上放一个平凸透镜，眼睛通过透镜看报纸。当平面朝着眼睛时，报纸的虚像在凸面下 13.3 mm 处；当凸面朝着眼睛时，报纸的虚像在凸面下 14.6 mm 处。设透镜中央厚度为 20 mm，求透镜材料的折射率和凸面的曲率半径。

3.5 潜水员透过潜水头盔观察水中的物体，头盔是曲率半径为 r 的球形，当物体与头盔的距离为 l 时，潜水员看到物体的像在何处？是实像还是虚像？垂轴放大率为多少？（忽略头盔玻璃的厚度，水的折射率为 4/3。）

3.6 设透镜前、后表面的曲率半径分别为 r_1、r_2，透镜厚度（前、后表面顶点间隔）为 d。分析以下单透镜的主面位置（主面是在透镜内部，还是在透镜外部）和像方焦距的正、负。
双凸透镜、双凹透镜、平凸透镜、平凹透镜、正弯月透镜、负弯月透镜

3.7 在一个薄凸透镜后方放置一个平面镜，二者的间隔为 0。
（1）若测得光轴上一个物点的物距 l 和像距 l'，则此时用物像公式算得的焦距是否就是透镜焦距？

（2）若变更物距，试问物与像在什么位置时可以用实验测出透镜的焦距，为什么？

3.8 传统放映机的光路如图 3-23 所示。

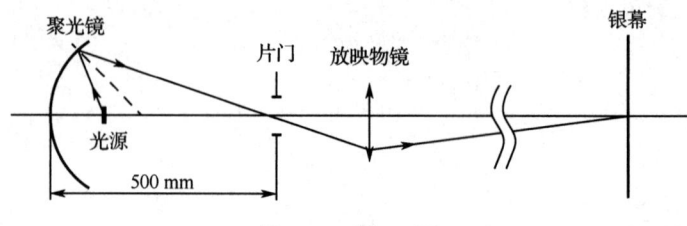

图 3-23 题 3.8 图

放映光源发出的光经聚光镜（球面反射镜）后，成像于片门，用于照亮放置在片门处的放映胶片，光源像的大小等于胶片的大小。光源的长度为 7 mm，放映胶片的高度为 35 mm，聚光镜与片门间的距离为 500 mm。

（1）求该聚光镜的曲率半径。

（2）若放映物镜焦距 f' 为 10 cm，银幕高度为 3.5 m，则放映物镜与片门及银幕的距离分别为多少？

第4章 转像系统

多数目视光学系统（如望远镜和显微镜）中设置有转像系统，其功能是：①把光束的走向偏转一定角度，以满足结构布局的需求；②获得正像，以符合人眼观察习惯等；③形成一定潜望高度，以便军事目标进行隐蔽。转像系统包括透镜转像、平面镜转像、棱镜转像等，下面依次进行介绍。

4.1 透镜转像

在 17 世纪以前，透镜转像就已经被广泛用作望远镜的正像系统，透镜转像系统的放大倍率可以选择为 $-0.5 \sim -3$。通常采用 $-1\times$ 透镜转像系统（见图 4-1），此时整个系统的视角放大率不变，仅符号发生改变。在 $-1\times$ 透镜转像系统中，当物体位于正透镜 2 倍焦距处时，可得到等大、倒立的实像，即不改变成像性质，得到一致像。

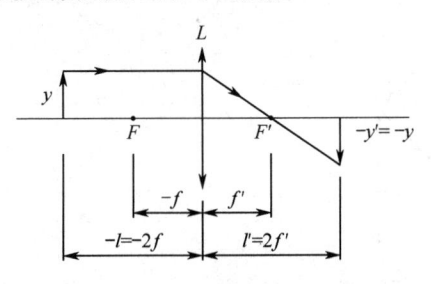

图 4-1　$-1\times$ 透镜转像系统

透镜转像系统的缺点是系统光路会增长，如图 4-2 所示，但对需要增加潜望高度（如潜望镜）和镜筒长度（如坦克瞄准镜）类光学系统而言这是有意义的。此外，这类系统通常会导致主光线在 $-1\times$ 转像透镜及其后续元件上投射出较高的像高，从而使系统的口径非常大。此时，需要在物镜像平面处增加一个正透镜——场镜，如图 4-3 所示。主光线在经过场镜后，通过 $-1\times$ 转像透镜的中心，场镜将孔径光阑（物镜）成像在 $-1\times$ 转像透镜上。对比图 4-2 和图 4-3 可以看出，场镜不改变成像性质，仅降低主光线在后续元件上的投影高度。

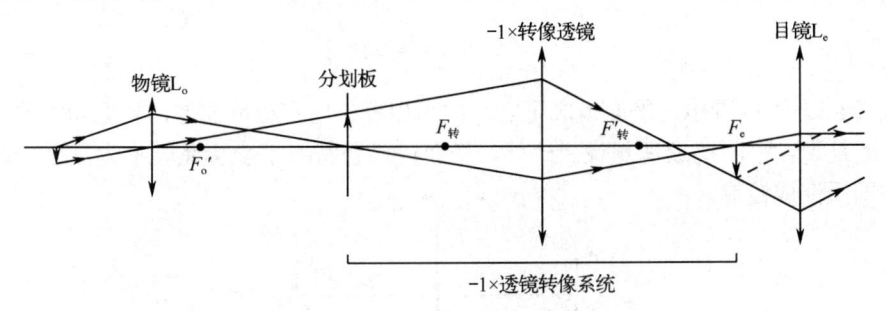

图 4-2　$-1\times$ 透镜转像系统的影响

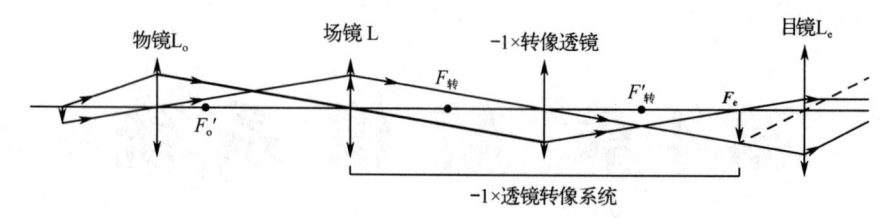

图 4-3 场镜示意图

透镜转像系统选取的具体构型取决于它承担的相对孔径和视场，因为不同相对孔径和视场对应的像差不同。当相对孔径和视场较小时，可以采用单组双胶合透镜或双组双胶合透镜。更大的相对孔径和视场对结构形式的要求更复杂，感兴趣的读者可以进行深入了解。

4.2 平面镜转像

4.2.1 平面镜

平面镜可以看作球面半径为无穷大的球面反射镜。平面镜系统与共轴球面系统组合后，可以改变共轴球面系统的方向，但不会影响像的清晰度，也不会改变像的大小和形状。平面镜成像示意图如图 4-4 所示。

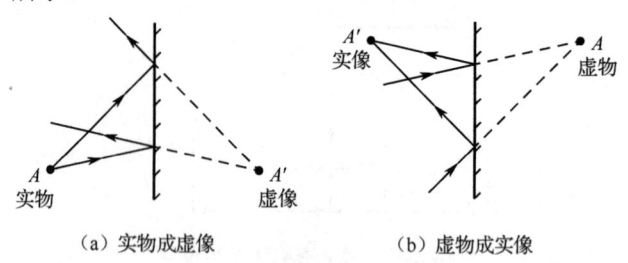

（a）实物成虚像　　（b）虚物成实像

图 4-4 平面镜成像示意图

将 $r \to \infty$ 代入折射球面的物像关系式：

$$\frac{n'}{l'} - \frac{n}{l} = \frac{n'-n}{\infty} \tag{4-1}$$

可以推导出：

$$l' = -l \tag{4-2}$$

这表明物像位于异侧。

$$\beta = -\frac{l'}{l} = 1 \tag{4-3}$$

由式（4-3）可以看出，平面镜成正立、大小相等、虚实相反的像，且像和物关于平面镜对称，也就是说，平面镜成理想像。此外，平面镜还会将右手坐标系转换为左手坐标系（见图 4-5），即反演成镜像。

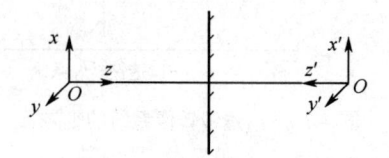

图 4-5 平面镜成像坐标系

4.2.2 平面镜对光的偏转特性

若入射光线不动,平面镜偏转角度为 θ_1,则反射光线偏转角度为 $2\theta_1$。由入射角等于反射角可知,在入射角变化了 θ_1 的同时反射角也变化了 θ_1,根据图 4-6 可算得

$$\theta = -I_2'' + \theta_1 - (-I_1'') = I_2 + \theta_1 - I_1 = (I_1 + \theta_1) + \theta_1 - I_1 = 2\theta_1 \tag{4-4}$$

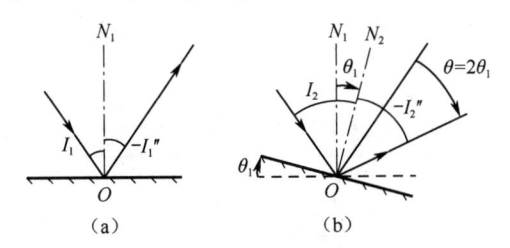

图 4-6 平面镜旋转示意图

4.2.3 双平面镜

有时在进行光路偏转时,会用到多个平面镜,双面镜是这些平面镜中的典型代表。

1. 双面镜成像特点

有一定夹角的双面镜可以形成多个像,如图 4-7 所示。在特殊情况下,当夹角 $\theta = 0$ 时,有无数个像;当夹角 $\theta = \pi$ 时,相当于一个单平面镜,只有一个像。需要注意的是,若物坐标系是右手坐标系,则双面镜的二次反射像坐标系是右手坐标系,三次反射像坐标系是左手坐标系。

2. 双面镜对光的偏转

在双面镜的光线偏转中,出射光线和入射光线的夹角 θ 与入射角无关,只取决于两个平面镜的夹角。如图 4-8 所示,若两个平面镜相对移动角度为 θ_1,则出射光线方向改变角度为 $2\theta_1$,计算如下:

$$(-I_1 + I_1'') = (I_2 - I_2'') + \theta \tag{4-5}$$

于是有

$$\theta = 2(I_1'' - I_2) = 2\theta_1 \tag{4-6}$$

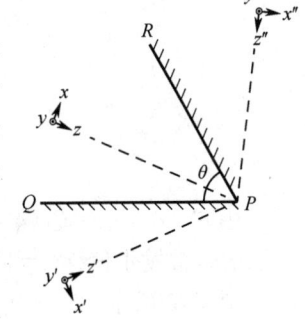

图 4-7 双面镜成像

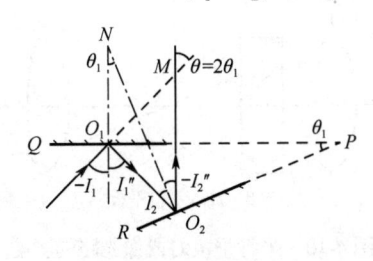

图 4-8 双面镜对光线偏转的示意图

由于在运输过程中双面镜的夹角有可能发生变化,因此通常将两个平面镜做成位置相对固定的形式,进而发展出了反射棱镜。反射棱镜将在 4.4 节进行介绍。

4.3 平行平板

光学系统中有很多光学元件，如分划板、显微镜载玻片、盖玻片、滤光片、滤色片、保护玻璃片等。这些光学元件可以视为由两个相互平行的折射面组成，称为平行平板。平行平板会使光线偏转，从而达到移动像的目的。平行平板成像光路图如图 4-9 所示。

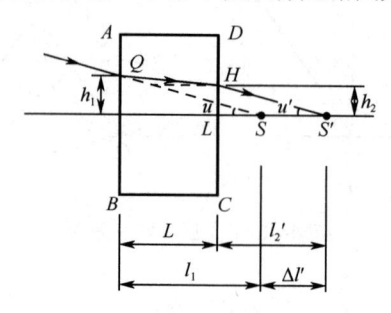

图 4-9 平行平板成像光路图

在近轴成像情况下，有

$$\gamma = \frac{u'}{u} = 1 \tag{4-7}$$

$$\beta = \frac{nu'}{nu} = 1 \tag{4-8}$$

$$\alpha = \frac{nu^2}{n'u'^2} = 1 \tag{4-9}$$

由式（4-7）～式（4-9）可知，平行平板所成的像没有发生任何变化，但平行平板会使像平面的位置发生偏移，因此在设计成像光路时需要考虑这一偏移量。平行平板对成像光路的影响如图 4-10 所示，在采用平行平板后，第二个透镜 L_2 的前焦点与 A'' 重合。

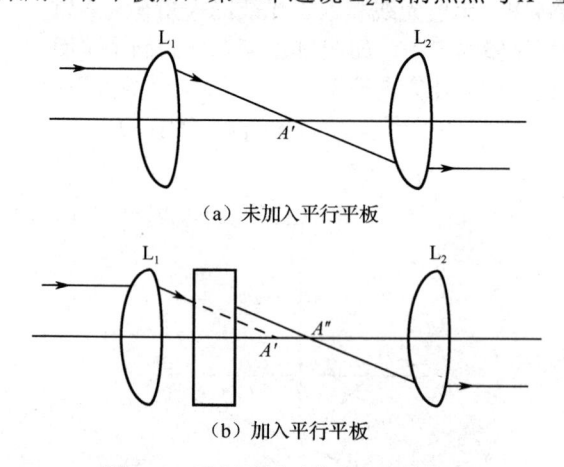

（a）未加入平行平板

（b）加入平行平板

图 4-10 平行平板对成像光路的影响

下面根据图 4-11 求解移动的距离 $\Delta l'$。

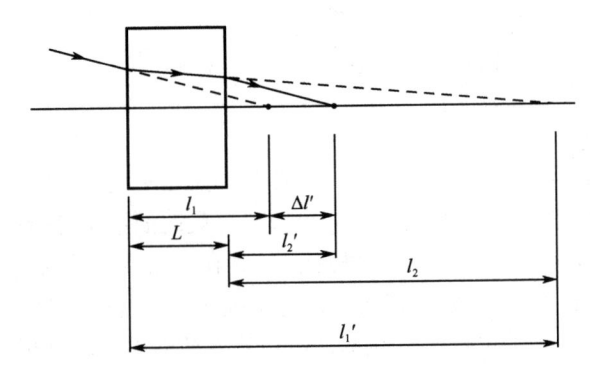

图 4-11 平行平板成像的求解光路图

对于第一个面有

$$\frac{n}{l_1'} - \frac{1}{l_1} = 0 \tag{4-10}$$

因此有

$$l_2 = l_1' - L = nl_1 - L \tag{4-11}$$

对于第二个面有

$$\frac{1}{l_2'} - \frac{n}{l_2} = 0 \tag{4-12}$$

因此有

$$l_2' = \frac{l_2}{n} = l_1 - \frac{L}{n} \tag{4-13}$$

于是有

$$\Delta l' = L + l_2' - l_1 = L + l_1 - \frac{L}{n} - l_1 = L - \frac{L}{n} \tag{4-14}$$

在进行光路计算时，只需要先算出无平行平板时的像方位置，再沿光轴移动一个轴向位移 $\Delta l'$ 即可。

定义：

$$e = \frac{L}{n} \tag{4-15}$$

称 e 为平行平板的等效空气层厚度，示意图如图 4-12 所示。需要说明的是，式（4-15）是在近轴情况下得出的，实际情况需要考虑入射角，具体公式较复杂，感兴趣的读者可以尝试推导。

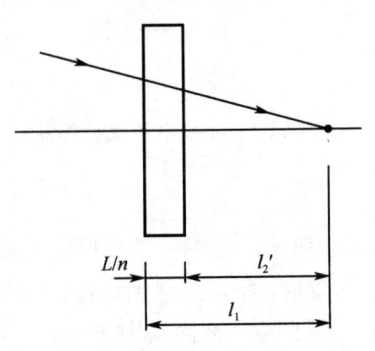

图 4-12 等效空气层厚度示意图

4.4 反射棱镜

如 4.2 节所述,当系统中有多个反射面时,各反射面在装调、使用过程中容易发生相对移动,这将对光轴或成像造成较大影响。若将一个或多个反射面磨制在同一块光学材料上,则有利于调整、装配和维护,这种元件称为反射棱镜。反射棱镜采用全反射原理,因此反射损耗小,可实现光路转折、转像等功能。反射棱镜的光轴为系统光轴在棱镜中的部分,工作面由入射面、反射面、出射面组成。工作面之间的交线称为棱,其主截面为光轴所在截面(与棱垂直),也就是光线与反射点组成的平面。反射棱镜示意图如图 4-13 所示。

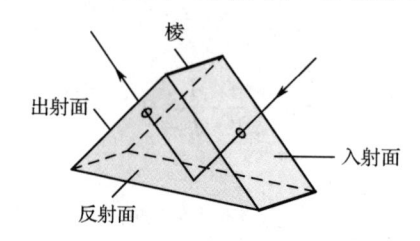

图 4-13 反射棱镜示意图

4.4.1 单反射棱镜

反射棱镜根据发生反射的次数可以分为一次反射棱镜、二次反射棱镜、三次反射棱镜等。反射棱镜在光路中起转折光路的作用,与平面镜类似。光线在经过反射棱镜反射一次时,会形成镜像;在经过两次反射后,其成像将与原物体的坐标系保持一致。

1. 一次反射棱镜

一次反射棱镜示意图如图 4-14 所示,图中的等腰直角棱镜相当于一个平面镜,入射光线经一次反射形成镜像,并且光轴偏转 90°。z' 轴与光轴同向,与主截面垂直的截面内的坐标不改变方向,在主截面内的坐标改变方向。

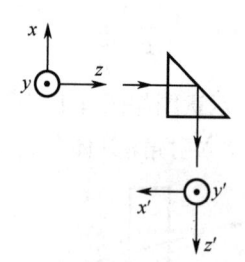

图 4-14 一次反射棱镜示意图

2. 二次反射棱镜

二次反射棱镜示意图如图 4-15 所示,图中的二次反射棱镜相当于双平面镜系统,由于入射光线经二次反射棱镜会进行两次反射,所以最终所成像的坐标系与物的坐标系一致。二次反射棱镜中的两个反射面可以形成不同夹角,从而实现光不同角度的偏转。

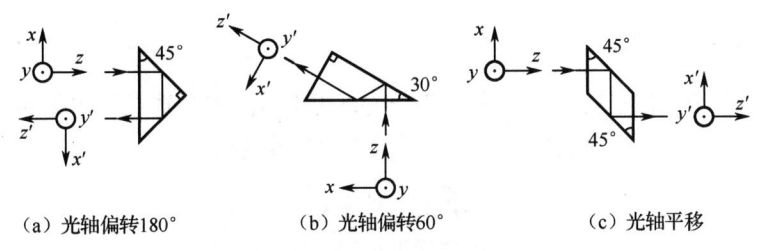

(a) 光轴偏转180°　　(b) 光轴偏转60°　　(c) 光轴平移

图 4-15　二次反射棱镜示意图

3. 三次反射棱镜

三次反射棱镜示意图如图 4-16 所示。入射光线经三次反射棱镜后会进行三次反射，最终会形成镜像，光轴偏转 45°，可大大缩短筒长，结构紧凑，其典型应用有施密特棱镜等。

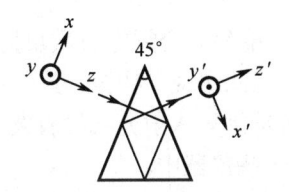

图 4-16　三次反射棱镜示意图

4.4.2　屋脊棱镜

在实际使用过程中，有时希望棱镜形成的镜像与物像一致，以达到结构紧凑的目的。对此，可以将普通棱镜的一个反射面用两个相互垂直的反射面代替，这两个反射面的交线平行于原反射面，并且在主截面上是互相垂直的，如图 4-17 所示，这样的棱镜被称为屋脊棱镜。由于屋脊棱镜增加了一次反射，因此可以实现物像一致。

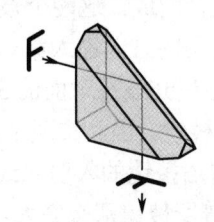

图 4-17　屋脊棱镜示意图

在作图时，通过在棱镜主截面反射边加一条横线来表示屋脊棱镜，如图 4-18 所示。

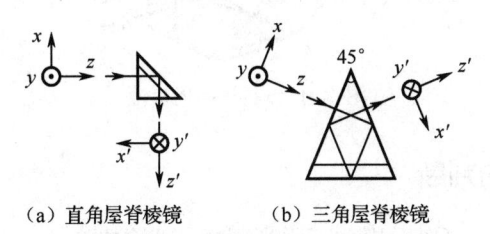

(a) 直角屋脊棱镜　　(b) 三角屋脊棱镜

图 4-18　屋脊棱镜的表示方法

4.4.3　棱镜组合

下面介绍几个典型的用于望远镜的棱镜组合。

1. 普罗（Porro）棱镜

普罗棱镜由两个二次反射棱镜组成，两个棱镜的主截面相互垂直，如图 4-19 所示，其出射光轴与入射光轴平行，成完全倒像，并能够将光路折叠 180°。

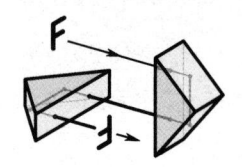

图 4-19　普罗棱镜

2. 施密特-别汉（Schmidt-Pechan）棱镜

施密特-别汉棱镜由一个普通棱镜和一个屋脊三次反射棱镜构成，如图 4-20 所示。施密特-别汉棱镜由于加入了屋脊棱镜，因此实现了物像一致，并且实现了影像 180°的旋转。不同于常用的普罗棱镜，施密特-别汉棱镜因为入射光线没有发生偏移，而且在设计上也不像普罗棱镜那么庞大，所以更适合安置在一些仪器中。

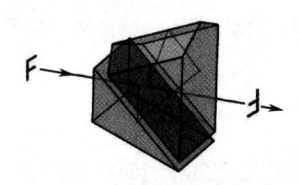

图 4-20　施密特-别汉棱镜

3. 阿贝-柯尼（Abbe-Koenig）棱镜

阿贝-柯尼棱镜由两个玻璃棱镜胶合而成，这两个玻璃棱镜形成了对称的浅 V 字形组合，如图 4-21 所示。入射光线以垂直于表面的方向进入第一个棱镜，在 30°的斜面发生全反射，随后从另一个棱镜的屋脊反射出来，之后光线在对面的 30°斜面发生全反射，最后从垂直表面射出。阿贝-柯尼棱镜由于加入了屋脊棱镜，因此实现了物像一致，并且实现了影像 180°的旋转。与施密特-别汉棱镜相同，阿贝-柯尼棱镜的入射光线和出射光线没有发生偏移，因此适合安置在一些仪器中，在设计上也不如普罗棱镜那么庞大。

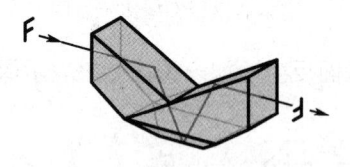

图 4-21　阿贝-柯尼棱镜

4.4.4　棱镜成像方向的判断

对于复杂的棱镜系统，可以采用如下原则判断其成像方向。

1. 具有单一主截面的系统

1）坐标系（旋转性）判定

（1）根据反射次数：奇变偶不变。

（2）在遇到屋脊面时，反射次数加1。

2）坐标轴（方向）判定

（1）沿光轴的坐标轴：反射后仍沿光轴。

（2）垂直于主截面的坐标轴：按屋脊面的个数确定。若有0个或偶数个屋脊面，则同向；若有奇数个屋脊面，则反向。

（3）主截面内的坐标轴：根据像坐标系性质判断。若为偶数次反射（屋脊棱镜算两次反射），则为右手坐标系；若为奇数次反射，则为左手坐标系。

2. 多主截面系统

两个主截面相互垂直的棱镜组合的成像方向判断示意图如图 4-22 所示。多主截面棱镜组合的成像方向判断示意图如图 4-23 所示。

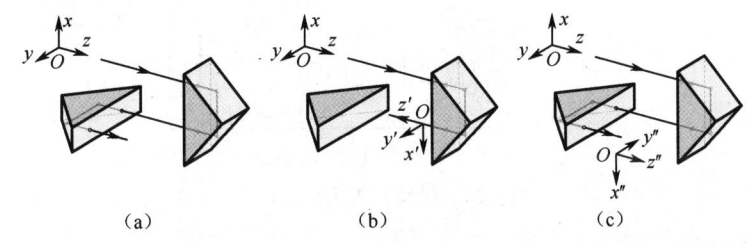

图 4-22　两个主截面相互垂直的棱镜组合的成像方向判断示意图

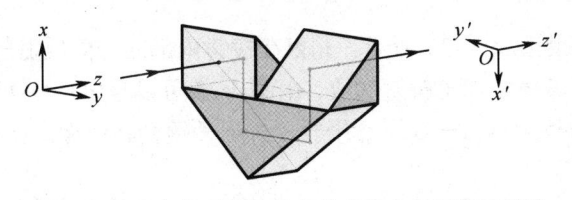

图 4-23　多主截面棱镜组合的成像方向判断示意图

先求一个主截面内的出射坐标系，然后求另一主截面内的出射坐标系。需要注意的是，对于不同的主截面系统，除 z 轴外，其他两个坐标轴对应的方向（垂直或平行于主截面）已发生变化，需要按变化后的情况进行求解。

3. 透镜与棱镜的组合系统

对于成实像的透镜来说，所成像为倒像（上下颠倒、左右翻转的像），此时物像坐标系一致；对于成虚像的透镜而言，所成像为正像，此时物像坐标系一致。和多主截面系统成像方向的判断方法一样，应按顺序独立判断不同类型的光学元件的成像坐标系。下面以某单反相机为例来说明透镜与棱镜组合系统中成像方向的判断。

此单反相机主要包括摄像镜头、平面镜和屋脊五棱镜，其工作原理图如图 4-24 所示。

当平面镜工作时，透过摄像镜头射入的光线被反射到上方，进入屋脊五棱镜。在透镜后面形成的像是上下颠倒、左右翻转的，这个像要经过平面镜和屋脊五棱镜的四次反射，故在取景窗的坐标系仍然是右手坐标系。由于存在屋脊面，因此左右方向的图像要翻转一次，此时，在观景窗中可以看到与物一致的像，如图 4-24（a）所示。当平面镜不工作时，透过摄像镜头射入的光线将直接进入图像传感器。在平面镜工作时，先确定好需要拍摄的画面，然后让平面镜复位，使其处于不工作状态，从而记录画面，如图 4-24（b）所示，但此时被记录的画面是倒立的。电子照片在显示时，会进行电子翻转，使其变成与实物一致的图像。

(a) 平面镜工作时的成像情况

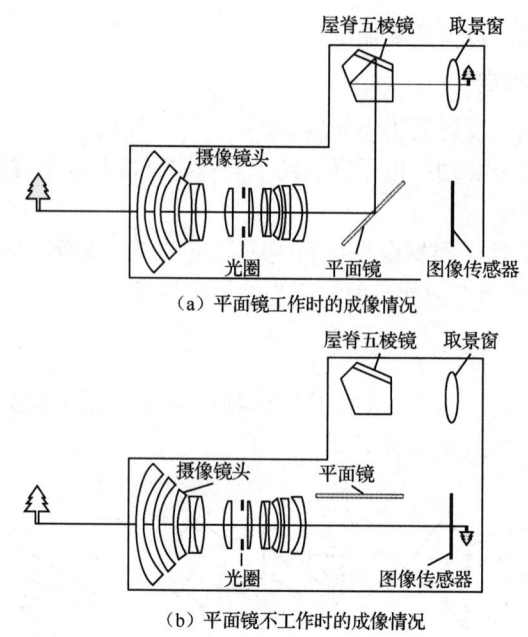

(b) 平面镜不工作时的成像情况

图 4-24 单反相机工作原理图

4.4.5 棱镜的展开

棱镜成像光路示意图如图 4-25 所示。光束在棱镜内部的平面反射与一般平面镜的成像性质完全相同，区别在于棱镜增加了折射次数。由图 4-25 可以看出，棱镜除了对光线进行偏转，在光路中对成像位置也有影响——和平行平板一样，棱镜会将成像点移动一段距离。

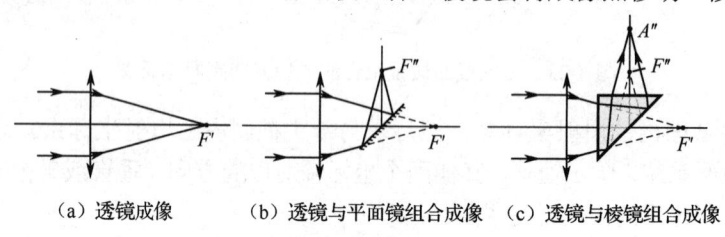

(a) 透镜成像　　(b) 透镜与平面镜组合成像　　(c) 透镜与棱镜组合成像

图 4-25 棱镜成像光路示意图

由图 4-26 可以看出，当不考虑棱镜的反射作用时，棱镜可等效为一个平行平板。将棱镜的主截面沿其反射面展开，取消棱镜的反射作用，用玻璃板（平行平板）的折射替代棱镜的反射，称这种方法为棱镜的展开。此时棱镜光轴长度是棱镜展开后的等效平行平板厚度 L，定义棱镜结构参数 K 为棱镜光轴长度 L 与棱镜口径 D 的比值：

$$K = \frac{L}{D} \tag{4-16}$$

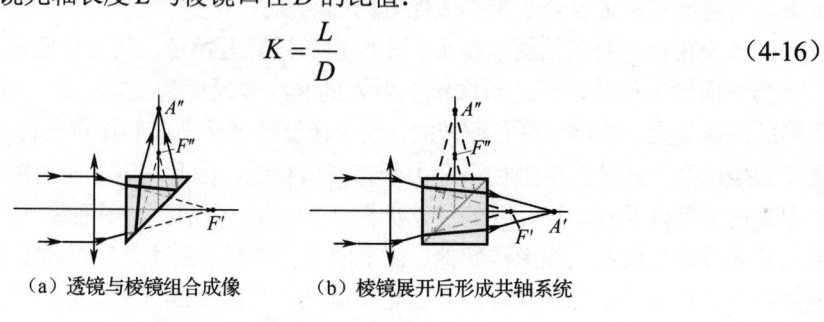

(a) 透镜与棱镜组合成像　　(b) 棱镜展开后形成共轴系统

图 4-26 棱镜成像等效光路

下面通过几个例子来说明如何求解棱镜的光轴长度 L。

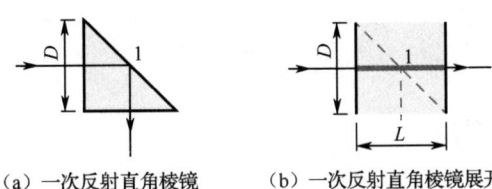

1．一次反射直角棱镜

一次反射直角棱镜展开示意图如图 4-27 所示。

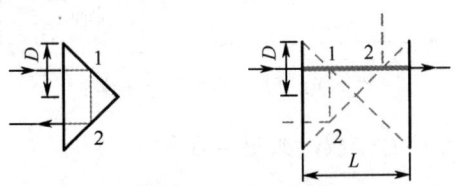

（a）一次反射直角棱镜　　（b）一次反射直角棱镜展开图

图 4-27　一次反射直角棱镜展开示意图

因为沿着直角三角形的斜边 1 展开一次反射直角棱镜，所以有

$$L = D \tag{4-17}$$

所以有

$$K = \frac{L}{D} = 1 \tag{4-18}$$

2．二次反射直角棱镜

二次反射直角棱镜展开示意图如图 4-28 所示。

（a）二次反射直角棱镜　　（b）二次反射直角棱镜展开图

图 4-28　二次反射直角棱镜展开示意图

光线进入棱镜到达直角边 1 后，沿直角边 1 展开二次反射直角棱镜；光线从直角边 1 反射到直角边 2 后，沿直角边 2 展开二次反射直角棱镜，此时形成的棱镜光轴长度为

$$L = 2D \tag{4-19}$$

式中，D 为二次直角棱镜斜边的一半。此时，结构参数 K 为

$$K = \frac{L}{D} = 2 \tag{4-20}$$

3．五角棱镜

五角棱镜展开示意图如图 4-29 所示。

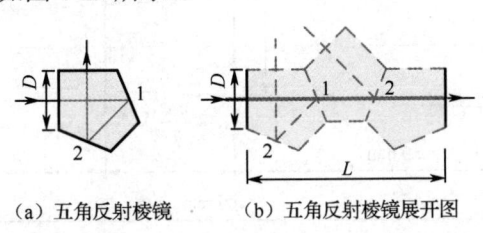

（a）五角反射棱镜　　（b）五角反射棱镜展开图

图 4-29　五角棱镜展开示意图

光线进入棱镜到达直角边 1 后，沿直角边 1 展开五角棱镜；光线从直角边 1 反射到直角边 2 后，沿直角边 2 展开五角棱镜，此时形成的棱镜光轴长度为

$$L = (2+\sqrt{2})D \approx 3.414D \tag{4-21}$$

结构参数 K 为

$$K = \frac{L}{D} \approx 3.414 \tag{4-22}$$

4.4.6 棱镜外形尺寸的求解

求解棱镜外形尺寸的基本思想就是先将棱镜等效成平行平板，然后利用平行平板光路来求解。

例 4.1 有一个薄透镜组，其焦距为 100 mm，通光口径为 20 mm。利用它使无限远的物体成像，像的直径为 10 mm。在距离透镜组 50 mm 处加一个斜方棱镜，使光线发生内部折射，光轴方向不变，如图 4-30 所示。求斜方棱镜通光口径的大小，以及通过棱镜后像平面的位置。（斜方棱镜展开厚度 $L = 2D$，折射率 $n = 1.5$）

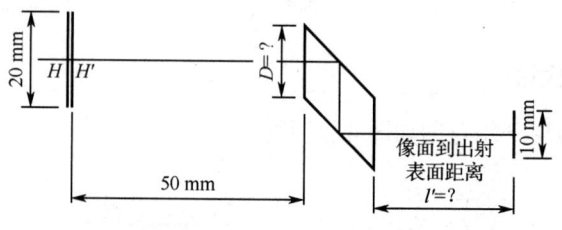

图 4-30 棱镜外形尺寸计算

解：先将棱镜等效为一个平行平板，如图 4-31 所示。

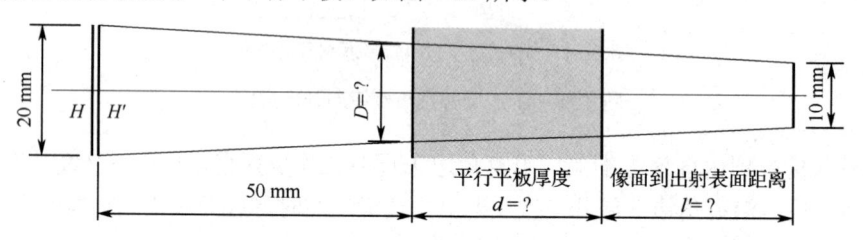

图 4-31 将五角棱镜等效为平行平板

然后将平行平板等效为空气平板，如图 4-32 所示，于是棱镜第一个表面的入射光束大小（通光口径）为

$$D = \frac{20+10}{2} = 15 \text{ (mm)}$$

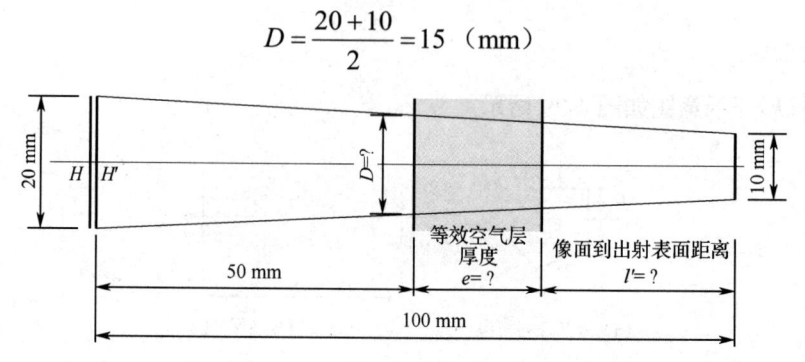

图 4-32 平行平板等效为空气平板

同理，可以求棱镜第二个表面的出射光束大小。

等效空气层厚度：
$$e = \frac{L}{n} = \frac{2D}{n} = 20 \text{ （mm）}$$

通过棱镜后与像平面的距离：
$$l'_2 = l_1 - \frac{L}{n} = 50 - e = 50 - 20 = 30 \text{ （mm）}$$

最终结构示意图如图 4-33 所示。

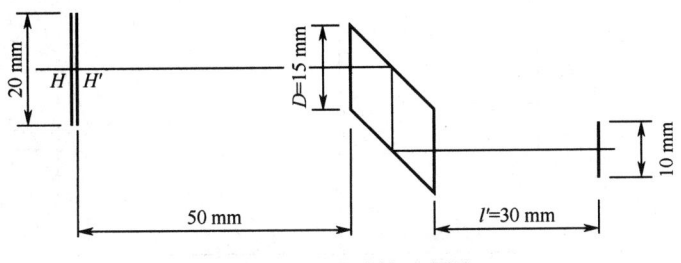

图 4-33　最终结构示意图

习题

4.1　一幅高为 2 m、宽为 1 m 的风景画挂在墙上，风景画与地面是垂直的，下边缘离地面 2.1 m。在风景画对面 4 m 处，有一面挂在墙上的反射镜。若人距离反射镜 2 m，人眼离地面高度为 1.5 m；人若想从反射镜看到全部画面，反射镜下边缘的高度应为多少，反射镜最小尺寸应为多少？

4.2　当平板玻璃的前后不平行，且呈较小角度时，称这样的光学元件为光楔，如图 4-34 所示。

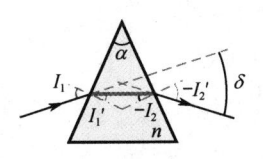

图 4-34　题 4.2 图

（1）证明：当光楔的顶角 α 和折射率 n 为定值时，出射光线相对于入射光线的偏向角 δ 只与入射角 I_1 有关，并且当 $I_1 = -I'_2$ 或 $I'_1 = -I_2$ 时，偏向角有最小值 δ_m。

（2）根据（1）中证明的原理，设计一个简单的实验方案，测量透明材料的折射率。（简单阐述即可）

4.3　用焦距 $f' = 250$ mm 的凸透镜对位于玻璃平板第一面的物体 A 成像，玻璃平板折射率 $n = 1.5$，厚度 $d = 15$ mm，垂轴放大率 $\beta = -0.5$。求凸透镜到平板玻璃第二面的距离。（凸透镜可视为薄透镜）

4.4　试判断如图 4-35 所示的各棱镜或光学系统的转像情况，并画出相应的输出坐标系或像的图形。

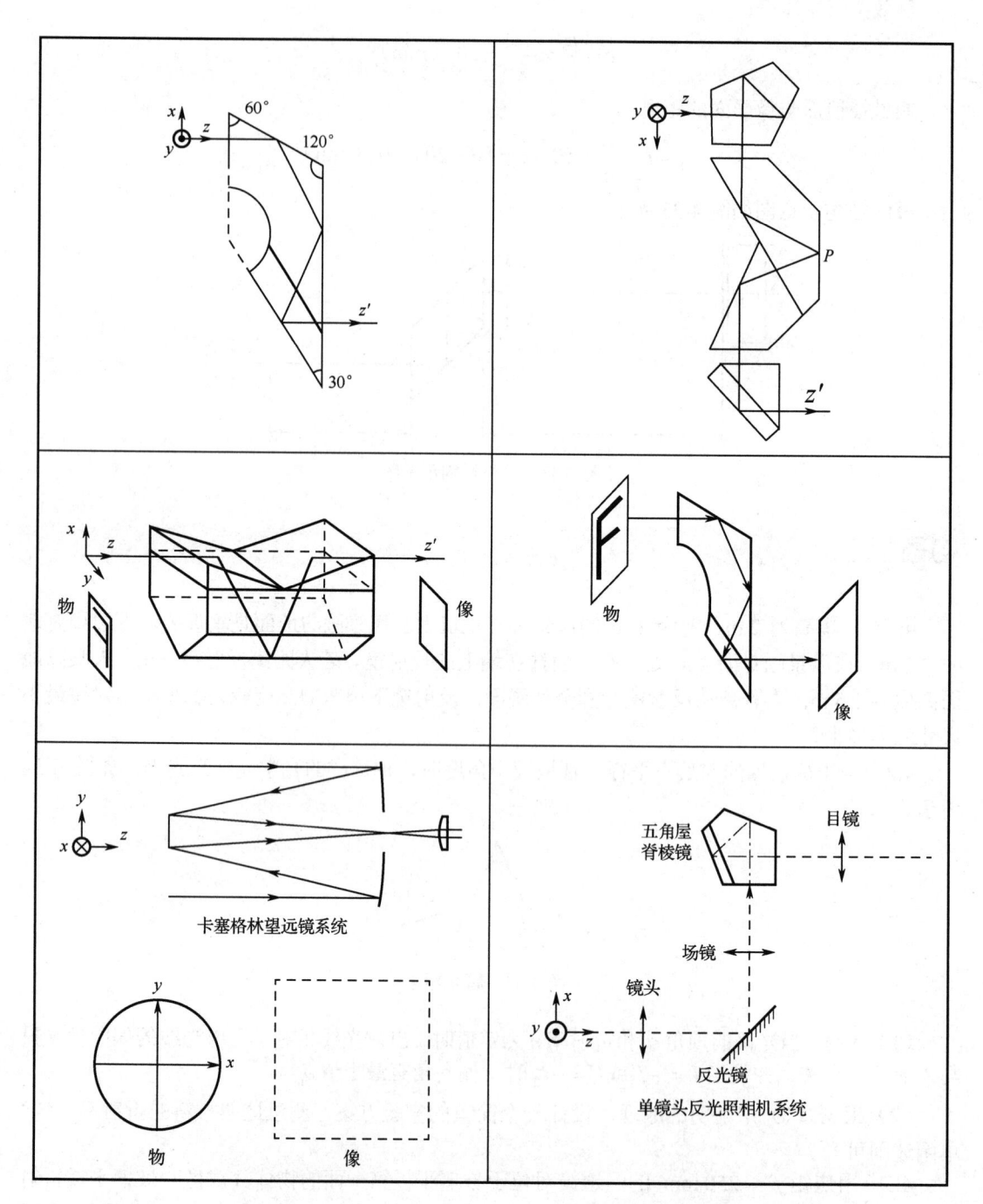

图 4-35 题 4.4 图

4.5 选择合适的棱镜放入如图 4-36 所示的虚线框，要求满足给出的物像坐标系关系。

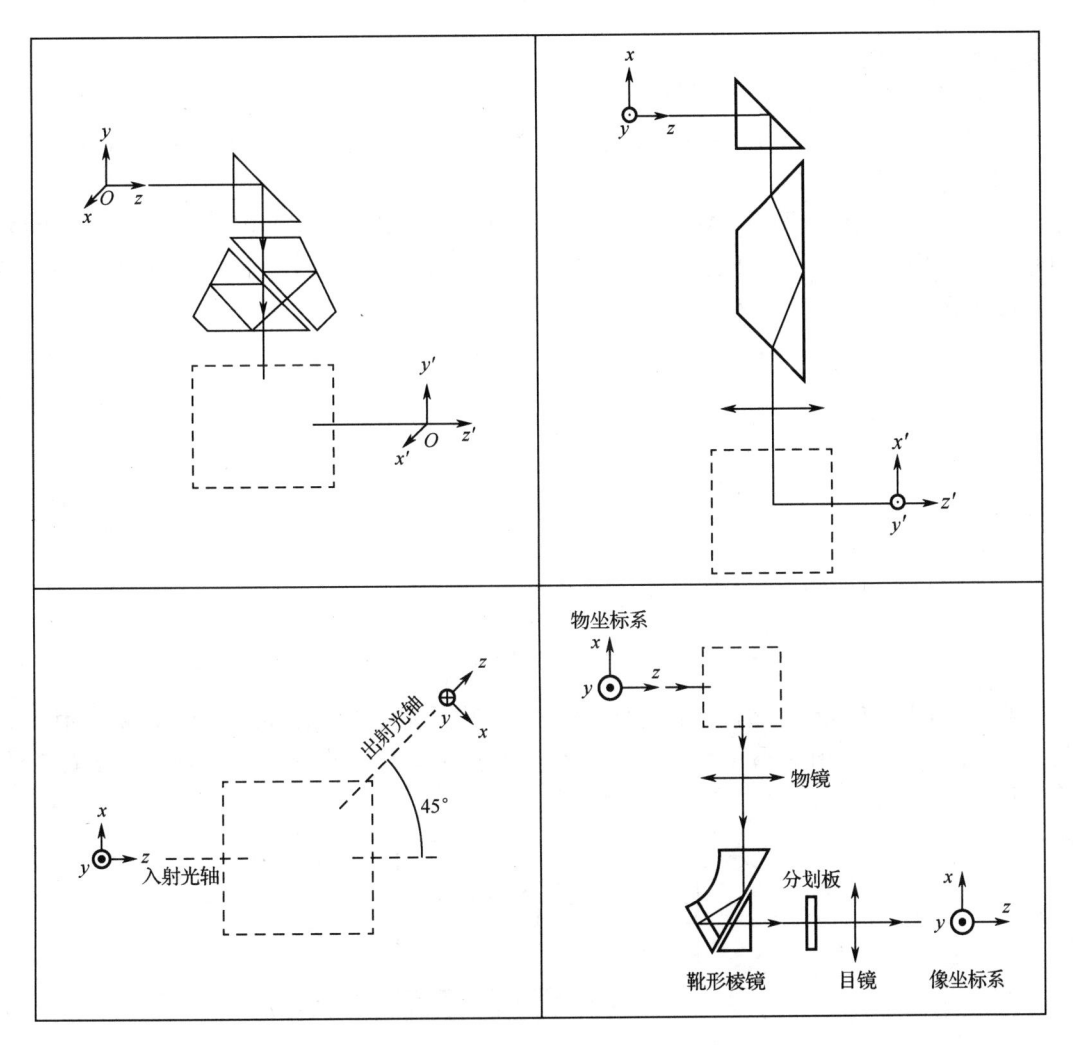

图 4-36 题 4.5 图

4.6 平面镜旋转特性可用于测量物体的微小转角或位移，原理如图 4-37 所示。现有一个焦距 $f'=1\,000$ mm 的薄透镜，其物方焦点 F_1 处有一发光点，在透镜后方放置一个平面镜 M_1，被测物体推动平面镜 M_1 转动角度 θ。光束经平面镜反射并再次经过透镜后聚焦在透镜物方焦平面上光轴外的 P 点，它和原发光点的距离 $y=1$ mm，问平面镜 M_1 的倾角 θ 是多少？若推杆离平面镜转动点距离为 a，则推杆平移量 x 为多少？

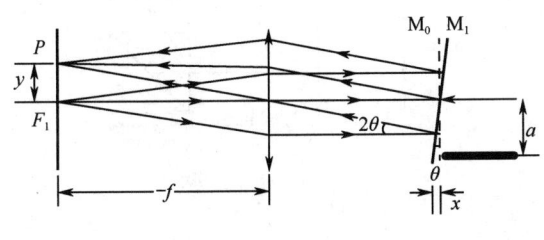

图 4-37 题 4.6 图

4.7 一点光源 S 与平行平板间的距离为 l，平行平板厚度为 d，折射率为 n，平行平板后表面镀有反射膜。光源 S 经平行平板前表面折射，又经平行平板后表面反射，再经平行平前表面折射，形成虚像 S′。

（1）利用等效空气平板的方法求共轭距 SS′。

（2）若此平行平板厚度 d = 200 mm，折射率 n = 1.5，一人站在平行平板前 300 mm 处，则人和其像之间相距多远？

4.8　直角三棱镜转像的立式制板照相机光路如图 4-38 所示。已知镜头焦距 f' = 450 mm，直角三棱镜折射率 n = 1.5，主截面为面 ABC，且 AB = BC = 100 mm。放大 2 倍时直角三棱镜出射面与清晰像间的距离是多少？

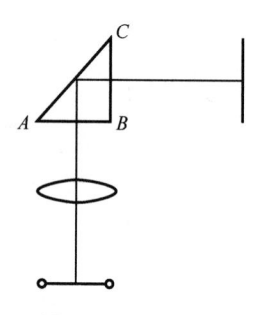

图 4-38　题 4.8 图

4.9　如图 4-39 所示，透镜后有两个平行平板，其厚度分别为 12 mm 和 10 mm，折射率均为 1.5，平行光线入射到透镜后，出射光线正好汇聚到第二个棱镜的后表面。透镜焦距 f' = 100 mm。试求两个平行平板的间隔 d。

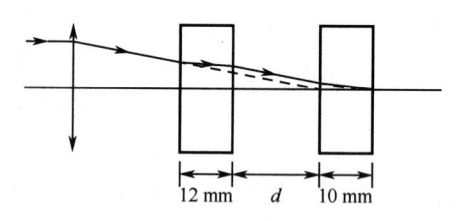

图 4-39　题 4.9 图

4.10　棱镜是光学系统中常用的转向元件，会对最终成像位置产生一定影响。现有一个由焦距为 100 mm 的薄透镜和一个一次等腰直角棱镜构成的光学系统，物体 A 在透镜前 150 mm 处，物高为 1 mm，如图 4-40 所示。（棱镜折射率为 1.5）

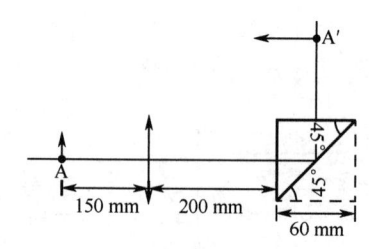

图 4-40　题 4.10 图

（1）确定像的位置、大小和方向。

（2）与不加棱镜相比，像相对于透镜的位置、像的大小和方向有无变化？

4.11　在一个成像系统中加入一个五角棱镜，使光轴偏转 90°，如图 4-41 所示。成像物镜可视为薄透镜，焦距 f' = 100 mm，通光口径为 20 mm，物与物镜的距离为 200 mm，物高

$2y = 10$ mm，五角棱镜在透镜后方 50 mm 处。

（1）在无渐晕的情况下（透镜出射的全部光线都能进入棱镜），求棱镜的通光口径 D_1。

（2）求像平面相对于棱镜出射面的位置 l_z'。

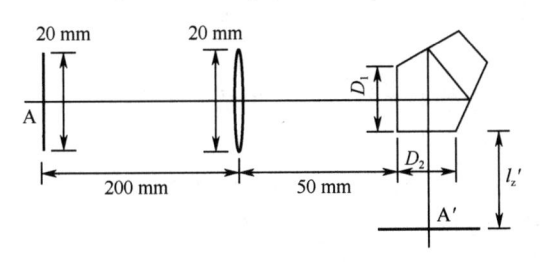

图 4-41　题 4.11 图

第 5 章 光 阑

实际光学系统是由若干透镜、棱镜和其他光学元件共同组成的。每个光学元件都有一定大小，它们会对进入系统的成像光束产生一定限制，有的限制成像光束宽度，有的限制成像范围，这类光学元件统称光阑。在一般情况下，光阑的形状为圆形、方形或矩形，尺寸固定或可变。根据对成像光束限制作用的不同，光阑可分为三类：限制轴上物点成像光束宽度的光阑，称为孔径光阑；限制成像范围的光阑，称为视场光阑；限制轴外物点成像光束宽度的光阑，称为渐晕光阑。

5.1 孔径光阑

5.1.1 孔径光阑的概念

孔径光阑限制轴上物点的成像光束。人眼瞳孔、照相机光圈等均为孔径光阑。孔径用于描述光学系统中轴上物点成像光束立体角的宽度。对于有限远轴上的物点而言，孔径角 u 表示孔径大小，如图 5-1（a）所示；对于无限远轴上的物点而言，孔径半高度 h 表示孔径大小，如图 5-1（b）所示。

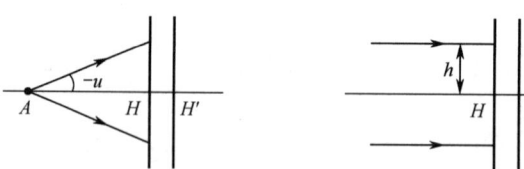

（a）有限远轴上物点入射光束孔径　　（b）无限远轴上物点入射光束孔径

图 5-1 孔径大小的表示

5.1.2 孔径光阑的特点

孔径光阑可放置在不同位置（透镜前、透镜上或透镜后），其尺寸随位置的不同而发生改变，如图 5-2（a）所示。当轴上物点的位置发生改变时，原孔径光阑可能会失去限制作用。如图 5-2（b）所示，对于 Z 点左侧的轴上各物点而言，P_1P_2 为系统孔径光阑；对于 Z 点右侧的轴上各物点而言，透镜边缘为系统孔径光阑。

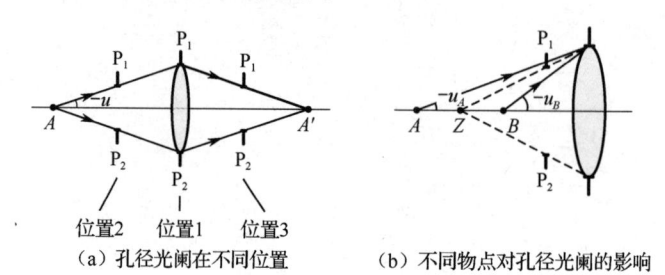

（a）孔径光阑在不同位置　　（b）不同物点对孔径光阑的影响

图 5-2 孔径光阑位置

孔径光阑的位置决定了系统孔径大小，当孔径光阑位于透镜上时，透镜口径最小，如图 5-3 所示。

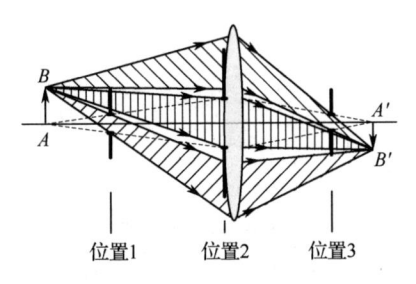

图 5-3 孔径光阑位置对系统孔径的影响

对于轴外物点而言，孔径光阑起限制光束位置的作用。孔径光阑位置不同，轴外物点参与成像的光束位置就不同，光束透过透镜的部位就不同，如图 5-4 所示。

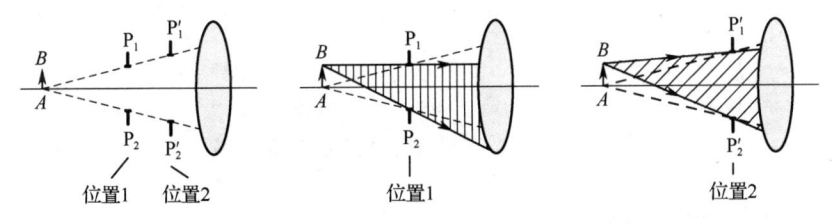

图 5-4 孔径光阑对轴外物点光束的影响

5.1.3 入射光瞳和出射光瞳

孔径光阑经前面光组在系统的物空间所成的像为入射光瞳，简称入瞳；孔径光阑经后面光组在系统的像空间所成的像为出射光瞳，简称出瞳。入瞳和出瞳示意图如图 5-5 所示。

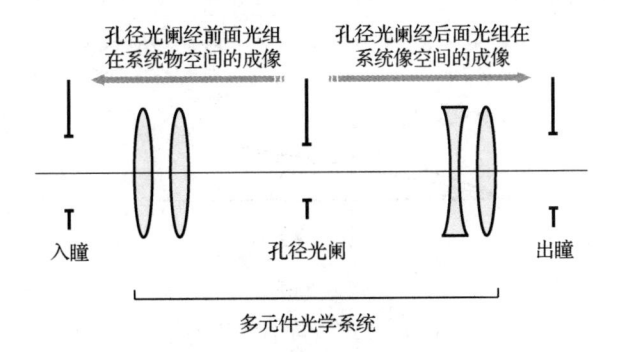

图 5-5 入瞳和出瞳示意图

孔径光阑与入瞳共轭。入瞳是成像光束进入系统的入口，限制物方孔径角 u 的大小，如图 5-6 所示。孔径光阑与出瞳共轭。出瞳是成像光束离开系统的出口，限制像方孔径角 u' 的大小，如图 5-7 所示。出瞳可视为入瞳经过整个光学系统所成的像，孔径光阑、入瞳、出瞳三者互为物像共轭关系，对成像光束的限制作用是等价的。

图 5-6　入瞳与孔径光阑的关系

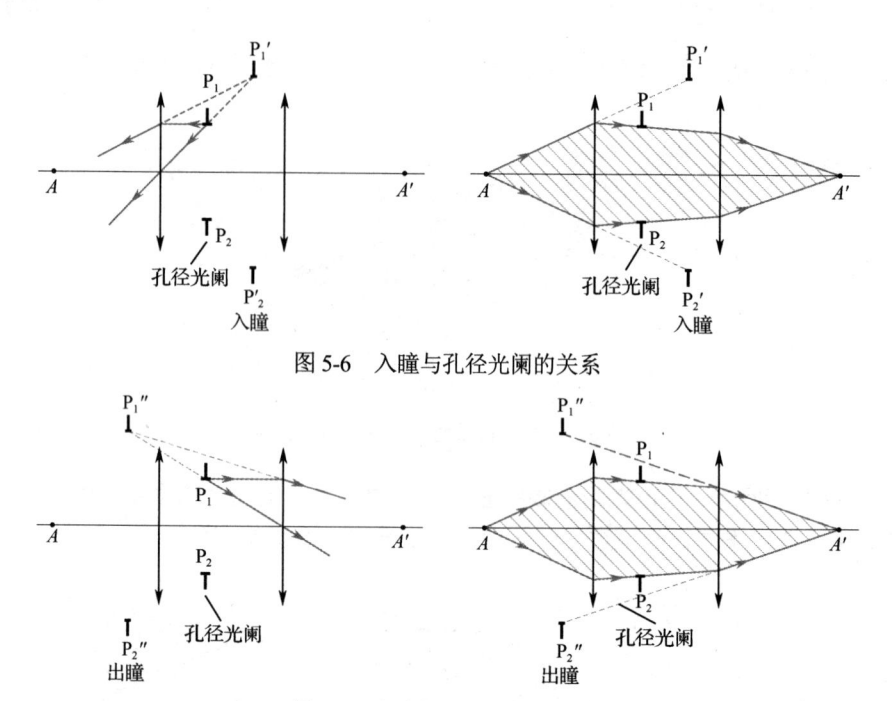

图 5-7　出瞳与孔径光阑的关系

5.1.4　孔径光阑的确定方法

当光学系统存在多个光阑时，如何判定哪个是孔径光阑呢？

基本判定原则：对成像光束大小起决定性作用的就是孔径光阑。

具体判断方法：如图 5-8 所示，将系统中的各个光阑分别对系统前面的光组成像，各个像中对轴上物点形成的张角最小的就是入瞳，此入瞳对应光阑就是系统的孔径光阑，孔径光阑对后面的光组所成的像就是出瞳。

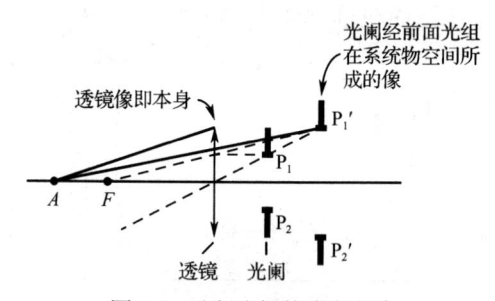

图 5-8　孔径光阑的确定方法

例 5.1　有一个光阑的孔径为 2.5 cm，位于透镜前 1.5 cm 处，透镜焦距为 3 cm，孔径为 4 cm。物体位于光阑前 6 cm 处，求入瞳和出瞳的位置及大小。

解：如图 5-9 所示，因为光阑前无透镜，所以直接比较光阑及透镜对物体形成的张角。经对比可知，该光阑为孔径光阑（也为入瞳）。出瞳是光阑经后面透镜在系统物空间所成的像。

根据高斯公式有

$$\frac{3}{l'} + \frac{-3}{-1.5} = 1$$

解上式得到出瞳位置为

$$l' = -3 \text{ (cm)}$$

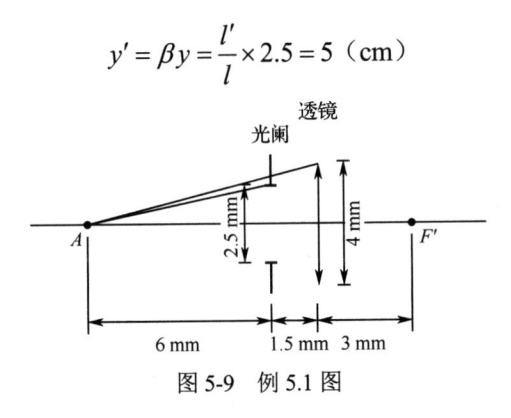

出瞳大小为

$$y' = \beta y = \frac{l'}{l} \times 2.5 = 5 \text{ (cm)}$$

图 5-9　例 5.1 图

5.1.5　与孔径光阑相关的概念

1. 主光线

物点发出的通过孔径光阑中心的光线称为主光线。主光线沿指向入瞳中心的方向进入成像系统，经过孔径光阑中心，最后沿指向出瞳中心的方向离开。主光线示意图如图 5-10 所示。

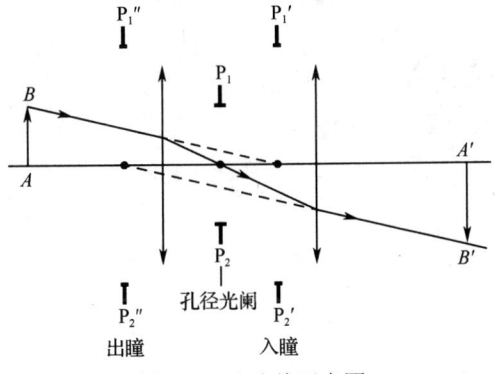

图 5-10　主光线示意图

2. 边缘光线

物点发出的通过孔径光阑边缘的光线为边缘光线。边缘光线沿指向入瞳边缘的方向进入成像系统，经过孔径光阑边缘，最后沿指向出瞳边缘的方向离开。边缘光线示意图如图 5-11 所示。

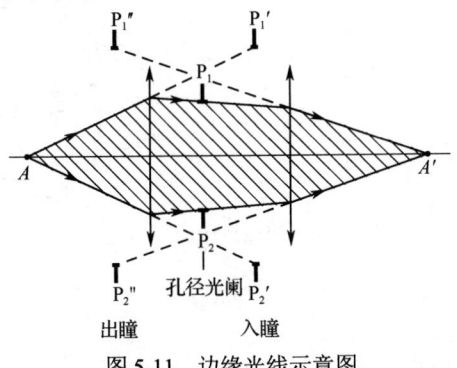

图 5-11　边缘光线示意图

3. 相对孔径和光圈数

在照相机等光学系统中，常用入瞳直径 D 与系统焦距 f' 之比表示相对孔径（见图 5-12）。相对孔径的倒数为光圈数（见图 5-13），用 F 表示。F 越小，通光口径越大，同时间的进光量越多。

$$\frac{D}{f'} = \frac{1}{F} \tag{5-1}$$

图 5-12　相对孔径示意图

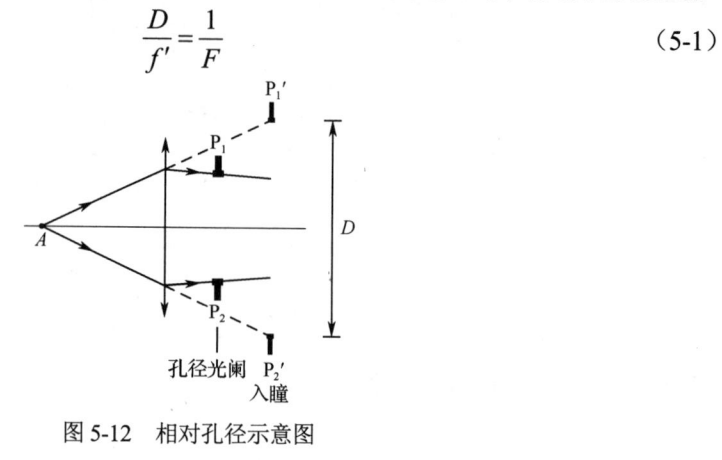

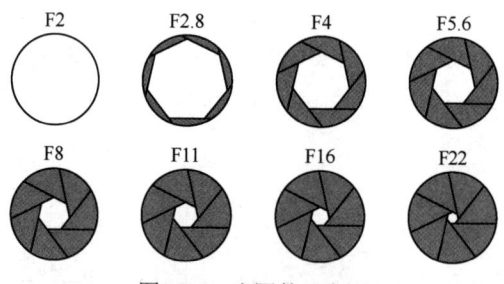

图 5-13　光圈数示意图

5.2　视场光阑

5.2.1　视场光阑的概念

视场光阑是限制成像范围的光阑，其在系统中的位置比较固定，通常设置在系统的实像平面上或中间实像平面上，如照相机中的底片框、显微镜或望远镜的分划板。照相机中的视场光阑如图 5-14 所示。照相机底片框的大小限制了最终像的大小，是视场光阑。

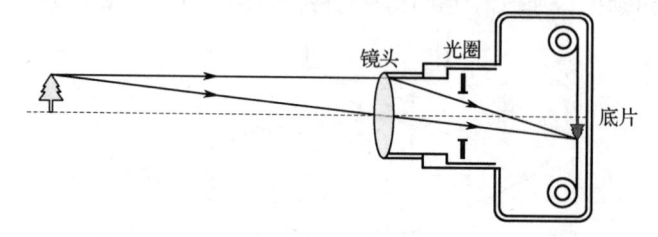

图 5-14　照相机中的视场光阑

5.2.2　入射窗和出射窗

视场光阑经前面光学系统所成的像为入射窗，简称入窗；经后面光学系统所成的像为出射窗，简称出窗。视场光阑、入窗、出窗三者互为物像共轭关系。入窗和出窗示意图如图5-15所示。

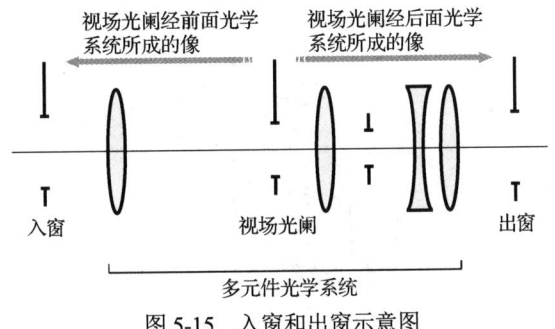

图 5-15 入窗和出窗示意图

5.2.3 视场

视场用于描述成像光学系统物、像平面上的成像范围，其示意图如图5-16所示，可以用两种方法来表示。一种表示方法为线视场，以长度度量，即物方线视场$2y$、像方线视场$2y'$；另一种表示方法为视场角，以角度度量，即物方视场角2ω、像方视场角$2\omega'$。需要注意的是，按照约定，矩形视场光阑的线视场按对角线计算，如照相机的底片。

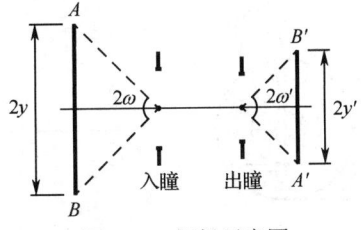

图 5-16 视场示意图

5.2.4 视场光阑的确定方法

当光学系统中存在多个光阑时，如何判定哪个是视场光阑呢？根据视场的定义可知，对应视场最小的光阑就是视场光阑。因此，可以按照以下步骤来确定视场光阑。

（1）找出入瞳位置。

（2）将除孔径光阑外所有光学元件的通光口径，分别通过各自前面的光学元件成像到物空间。

（3）自入瞳中心向光孔像的边缘连线，张角最小的就是入窗，与其对应的光阑就是视场光阑。

5.3 渐晕光阑

5.3.1 渐晕光阑的概念

轴外物点发出的充满孔径光阑的光束，受到光学系统中某些孔径的限制有部分被遮挡，其宽度比轴上物点发出的光束宽度小，随视场范围的增大，像的亮度逐渐降低，进而出现渐晕现象。这种限制轴外物点成像光束宽度的光阑称为渐晕光阑。

一个光学系统中可能同时存在多个渐晕光阑。图5-17中的两个透镜L_1、L_2都是渐晕光阑，

从 B 点发出的充满入瞳光束上面部分被透镜 L_2 的边框拦截,下面部分被透镜 L_1 的边框拦截。

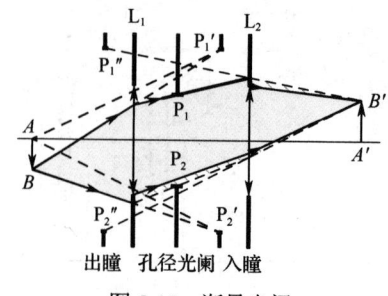

图 5-17 渐晕光阑

5.3.2 渐晕光阑的特点

轴上物点的成像情况如图 5-18 所示。对于轴上物点,渐晕光阑在物空间的像为 M_1MM_2,从 A 点发出的充满入瞳 P_1P_2 的光束不会被拦截,可以保证中心视场成像清晰。

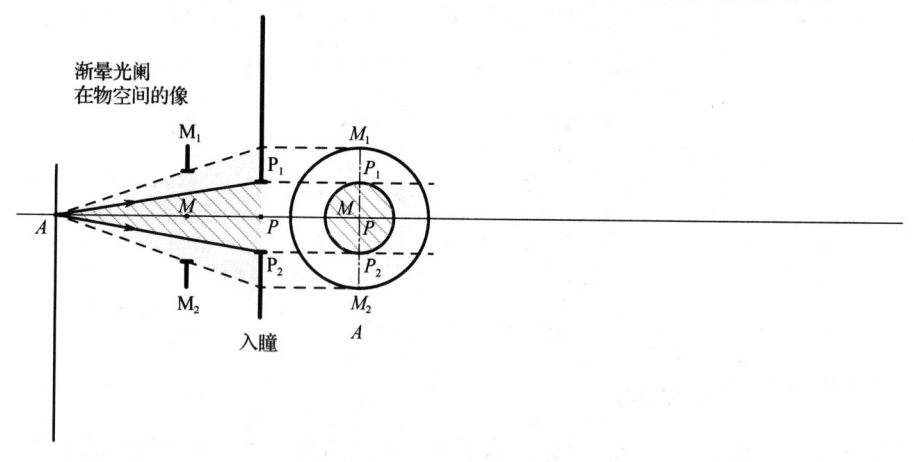

图 5-18 轴上物点的成像情况

轴外物点 B_1 的成像情况如图 5-19 所示。从轴外物点 B_1 发出充满入瞳的光束不会被 M_1M_2 拦截,即在以 AB_1 为半径的圆形区域内不会发生渐晕现象。

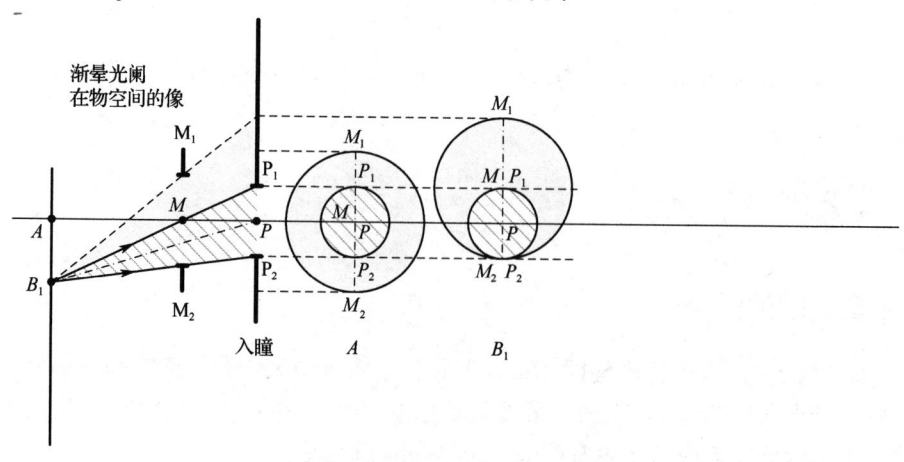

图 5-19 轴外物点 B_1 的成像情况

轴外物点 B_2 的成像情况如图 5-20 所示。从轴外物点 B_2 发出充满入瞳的光束的主光线以下部分被 M_1M_2 拦截，即在以 B_1B_2 绕光轴旋转一周的环形区域内产生渐晕现象。

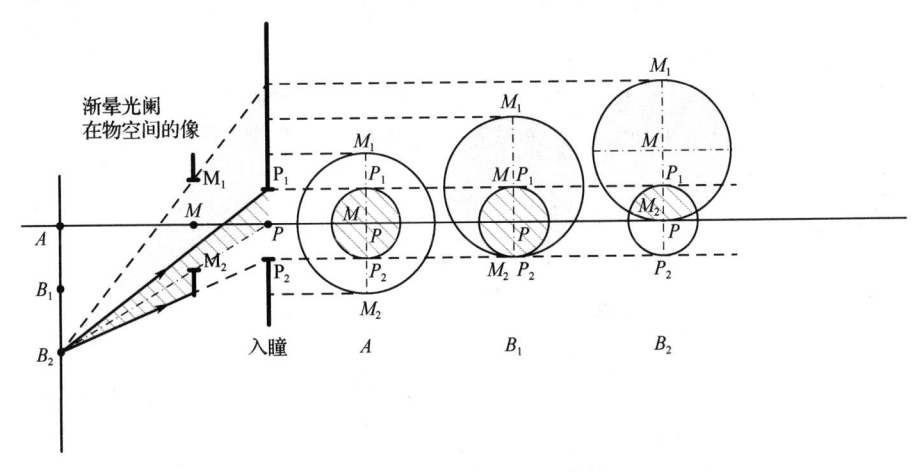

图 5-20 轴外物点 B_2 的成像情况

轴外物点 B_3 的成像情况如图 5-21 所示。从轴外物点 B_3 发出的充满入瞳的光束完全被 M_1M_2 拦截，即在以 B_2B_3 绕光轴旋转一周的环形区域内渐晕现象更严重，轴外物点 B_3 及之外的物点完全不能参与成像。

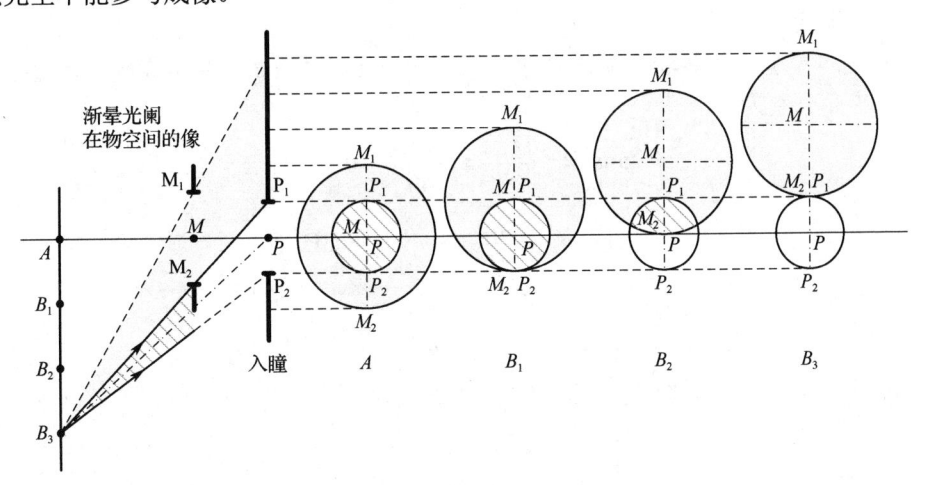

图 5-21 轴外物点 B_3 的成像情况

5.3.3 渐晕系数

渐晕系数通常分为线渐晕系数和面渐晕系数，用于描述光学系统中轴外特点光束相对于轴上物点光束的截面积或宽度的减少程度。线渐晕系数定义为

$$K_D = \frac{D_\omega}{D} \tag{5-2}$$

式中，D_ω 为轴外物点光束在入瞳平面垂直于光轴方向的宽度；D 为轴上物点光束在入瞳平面垂直于光轴方向的宽度。显然，在无渐晕时渐晕系数为 1，在完全渐晕时渐晕系数为 0。

面渐晕系数定义为

$$K_\omega = \frac{A_\omega}{A} \tag{5-3}$$

式中，A_ω 为轴外物点光束在垂直于光轴方向的截面面积；A 为轴上物点光束在垂直于光轴方向的截面面积。

例 5.2 将一个焦距 $f' = 40$ mm、直径 $D_1 = 30$ mm 的薄透镜做成放大镜，眼瞳位于透镜像方焦点 F' 上，眼瞳直径 $D_2 = 4$ mm，物平面放在透镜物方焦点 F 上。系统结构示意图如图 5-22 所示。

（1）求系统的入瞳位置。

（2）求 K_D 分别为 1、0.5 和 0 时物方线视场的大小。

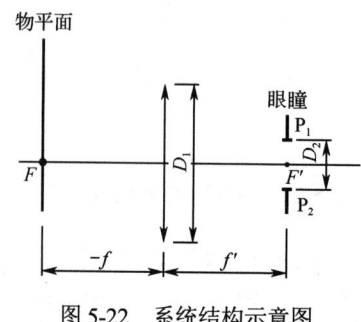

图 5-22　系统结构示意图

解：（1）确定入瞳位置。

确定系统的入瞳示意图如图 5-23 所示。所有通光孔经其前面的光组成像，像边缘与轴上物点连线的夹角分别为

$$\tan u_1 = -\frac{D_1/2}{f'} = -\frac{15}{40} = -0.375$$

$$\tan u_2 = -\frac{D_2/2}{f'} = -\frac{2}{40} = -0.05$$

由上式可得

$$|u_1| < |u_2|$$

因此，眼瞳是孔径光阑，入瞳位于透镜左方无限远处。

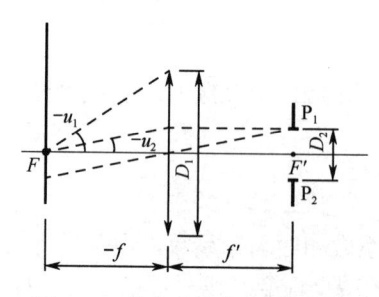

图 5-23　确定系统的入瞳示意图

（2）求物方线视场。

当渐晕系数为 1 时，轴外物点发出的充满入瞳（眼瞳）的光束都能通过透镜，光路示意图如图 5-24 所示。

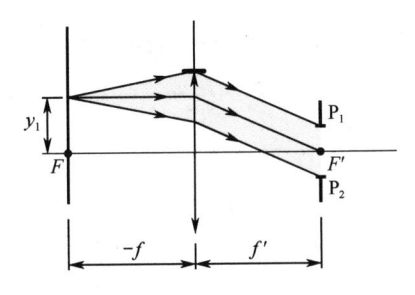

图 5-24　渐晕系数为 1 时的光路示意图

此时，线视场为

$$2y_1 = D_1 - D_2 = 26 \text{ mm}$$

当渐晕系数为 0.5 时，轴外物点发出的充满入瞳（眼瞳）的光束只有一半能通过透镜，光路示意图如图 5-25 所示。

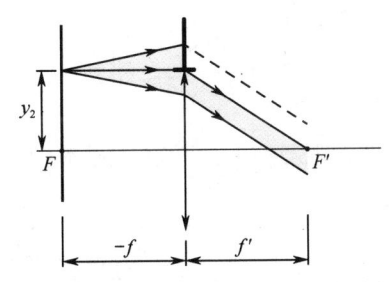

图 5-25　渐晕系数为 0.5 时的光路示意图

此时，线视场为

$$2y_2 = D_1 = 30 \text{ mm}$$

当渐晕系数为 0 时，轴外物点发出的充满入瞳（眼瞳）的光束完全不能通过透镜，光路示意图如图 5-26 所示。

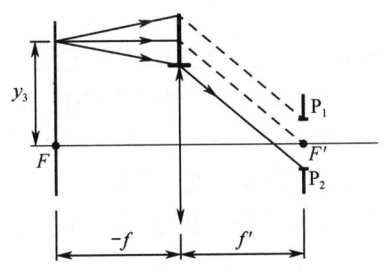

图 5-26　渐晕系数为 0 时的光路示意图

此时，线视场为

$$2y_3 = D_1 + D_2 = 34 \text{ mm}$$

5.4　孔径光阑的应用——远心光路

光学仪器中有相当大一部分是用来测量长度的。一类光学仪器的光学系统有准确的放大率，被测物体的像与刻度尺相比，即可求出被测物体长度，如工具显微镜等；另一类光学仪器把标尺放在不同位置,光学系统的放大率因标尺位置的不同而不同,按一定视场读出标尺像上某个数值,进而即可求得仪器到标尺间的距离,如经纬仪、水准仪等大地测量仪等。

5.4.1 物方远心光路

第一种情况为物体长度未知,用有准确放大率的光学系统来测量物体长度。在调焦准确时,被测物体的像与刻度尺(分划板)重合,可通过读取分划板的刻度求得被测物体的长度,如图 5-27 所示。在调焦不准时,物在不同位置,如图 5-28 所示,像平面与分划板不重合,在分划板上形成弥散斑,此时求得的被测物体长度将偏离实际尺寸,从而产生误差,影响测量精度。

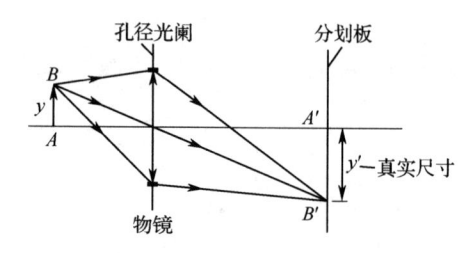

图 5-27 物体长度测量原理

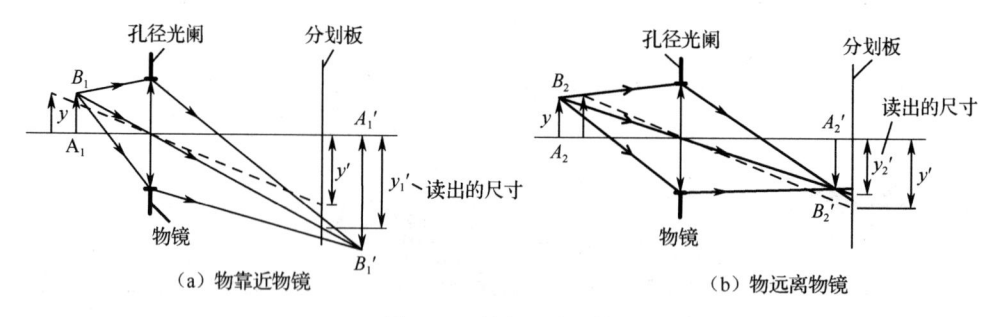

(a) 物靠近物镜　　(b) 物远离物镜

图 5-28 长度测量误差

那么,应当如何消除这种测量误差呢?将孔径光阑置于物镜像方焦平面上,如图 5-29 所示,此时物体上每一个点发出的光束的主光线并不随物体位置的移动而发生变化,分划板平面上投影像两端的两个弥散斑中心的主光线仍通过与图 5-27 相同的像点,按此投影读出的长度为被测物体的真实长度,也就是说上述调焦稍有不准并不影响测量结果。因为这种光学系统物方主光线平行于光轴,主光线的汇聚中心位于物方无限远,故称之为物方远心光路。

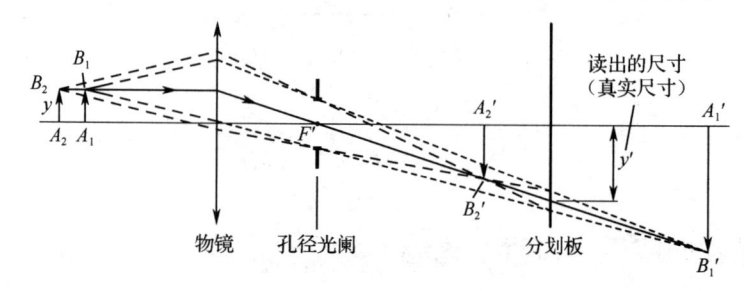

图 5-29 物方远心光路

5.4.2 像方远心光路

第二种情况为物体长度已知，如在进行大地测量时，常将物标尺（见图 5-30）置于望远镜物镜前方待测的距离点，随后调节物镜焦距及分划板的相对位置，以使标尺的像和分划板的刻线平面重合。通过读取标尺和分划板的刻度值，即可求出标尺与仪器之间的距离。

假定标尺、分划板的读数分别记为 y 和 y'，则标尺到仪器的距离为

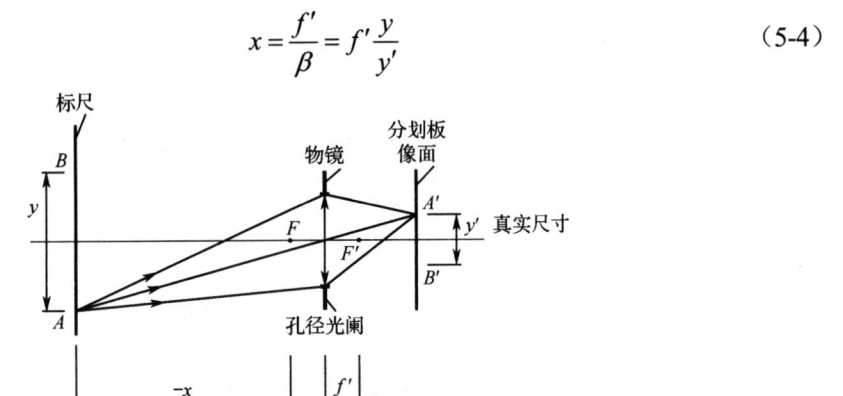

$$x = \frac{f'}{\beta} = f'\frac{y}{y'} \tag{5-4}$$

图 5-30 距离测量原理

同样，由于调焦稍有不准，标尺的像与分划板的刻线平面不重合，如图 5-31 所示，使读数产生误差，从而影响测距精度。

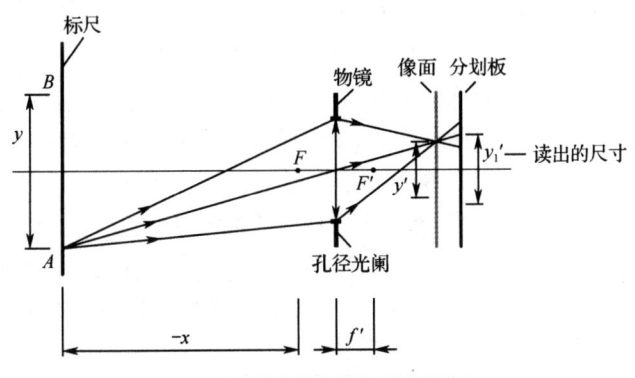

（a）标尺的像在物镜和分划板之间

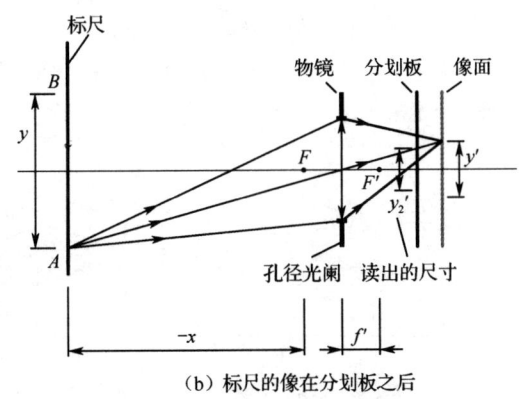

（b）标尺的像在分划板之后

图 5-31 距离测量误差

那么，应当如何消除这种测量误差呢？在望远镜的物方焦平面上设置一个孔径光阑，如图 5-32 所示，孔径光阑也是入射光瞳，进入物镜的光束的主光线都通过孔径光阑中心（也就是物镜物方焦点），这些主光线在物镜的像方平行于光轴。如果标尺的像与分划板的刻线平面不重合，则分划板上得到的是标尺的投影像，即弥散斑。由于在像方的主光线平行于光轴，因此根据分划板上弥散斑中心指示的位置读取的距离与实际像的距离一致。因为这种光的像方主光线平行于光轴，其汇聚中心在像方无限远处，故称之为像方远心光路。

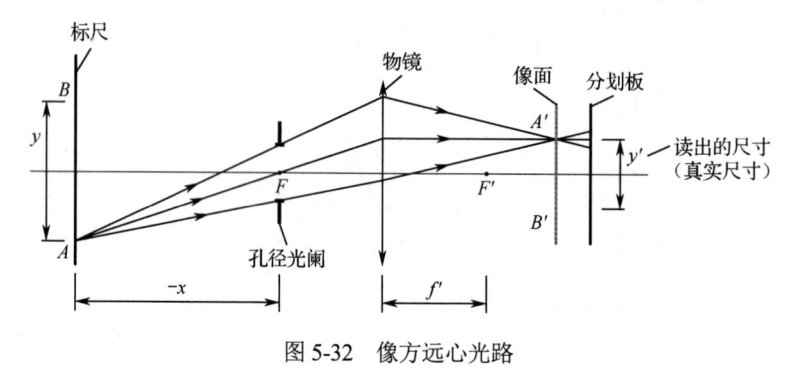

图 5-32　像方远心光路

习题

5.1　前、后两个薄透镜 L_1、L_2 构成一个系统，透镜焦距分别为 $f_1' = 10\,\text{cm}$，$f_2' = 5\,\text{cm}$，透镜直径均为 4 cm，透镜之间的距离为 5 cm。

（1）当物距为无穷远时，请判断孔径光阑，并求出入瞳的位置及大小。

（2）物体移动到透镜 L_1 左边哪个位置时，系统的孔径光阑会发生变化？

5.2　数码相机的像平面为图像传感器 CCD 或 CMOS，全画幅数码相机的 CMOS 尺寸是 36 mm×24 mm。在选用焦距为 18～200 mm 的变焦镜头时，求物方视场角 2ω 的变化范围。

5.3　全对称系统由两组关于孔径光阑中心对称的透镜组组成，可用于 1:1 成像的复制物镜、中继转像等系统。一个全对称系统的前、后两组透镜都可视为薄透镜，焦距 $f_1' = f_2' = 200\,\text{cm}$，直径 $D_1 = D_2 = 40\,\text{cm}$，两组透镜间的距离 $d = 60\,\text{mm}$。孔径光阑位于两组透镜正中间，孔径光阑直径为 20 mm。

（1）当光线平行于光轴入射时，系统的入瞳位置在何处，系统的相对孔径为多少？

（2）当渐晕系数 $K = 0$、$K = 0.5$、$K = 1$ 时，视场角分别为多少？

5.4　读数显微镜的光学系统如图 5-33 所示。物高 $2y = 10\,\text{mm}$，物镜的垂轴放大率 $\beta = -1$，$\sin u = 0.1$，物体位于空气中，物距为 130 mm，目镜焦距为 20 mm，物镜镜框是孔径光阑，分划板框是视场光阑。

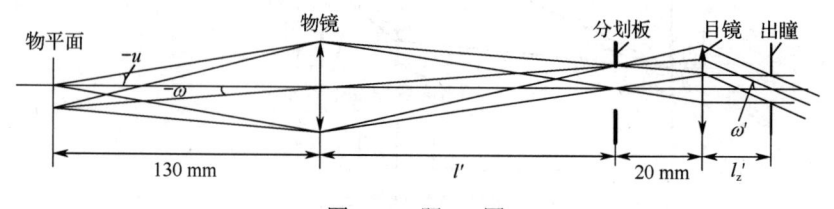

图 5-33　题 5.4 图

（1）求物镜焦距。
（2）求整个光学系统的入瞳、出瞳位置和大小。
（3）求整个光学系统的入窗、出窗位置和大小。
（4）求在物平面无渐晕情况下物镜的通光口径。
（5）求整个光学系统的物方视场角 2ω 和像方视场角 $2\omega'$。
（6）求在物平面无渐晕情况下目镜的通光口径。

5.5 如图 5-34 所示，用作图法绘出系统入瞳、出瞳及入窗、出窗，并指出主光线。

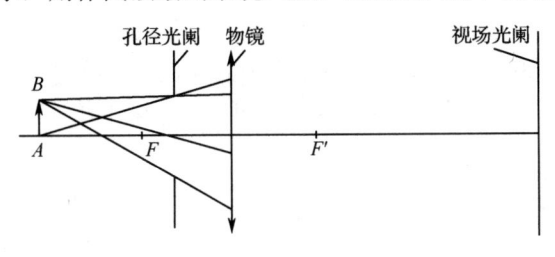

图 5-34 题 5.5 图

5.6 一个放大镜焦距为 25 mm，直径为 20 mm，瞳孔位于放大镜后 50 mm 处，瞳孔直径为 2 mm。物体在放大镜前 20 mm 处。试求，该光学系统的入瞳、孔径光阑、出瞳、入窗、视场光阑、出窗的位置和大小。

第6章 光能传播

光学系统成像的过程就是光能传播的过程。在辐射作用于成像探测器的过程中，必须考虑探测器对辐射的响应特性。对于人眼来说，只有波长在 380~760 nm 范围内的可见光可以被感知。人眼相当于可见光探测器，可见光辐射（用辐射量表示）输入人眼，光感受（用光学量表示）输出人眼，光学量和辐射量间的关系由人眼的视觉特性决定。本章以光学量为基础来描述成像过程的能量传播规律，即光度学，这些规律同样适用于其他探测器。

6.1 立体角

当一个发光物点向空间辐射能量时，探测器接收的光能来源于一个以探测器为顶点的立体锥形区域，该区域对应的空间角度就是立体角，如图 6-1 所示。

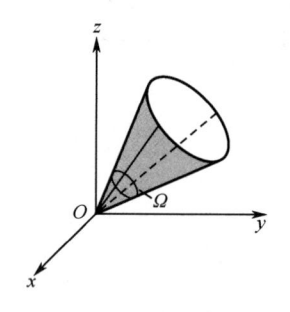

图 6-1 立体角

在数学中，立体角是一个任意形状封闭锥面包含的空间角，用 Ω 表示。立体角的数学表示如图 6-2 所示，以锥顶 O 为球心，以 r 为半径做一球面，此锥体的边界在球面上所截的面积 dS 与半径 r 平方之比，就是立体角的大小：

$$d\Omega = \frac{dS}{r^2} \tag{6-1}$$

单位为球面度（sr）。

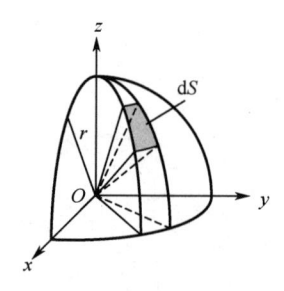

图 6-2 立体角的数学表示

立体角的微元计算如图 6-3 所示。

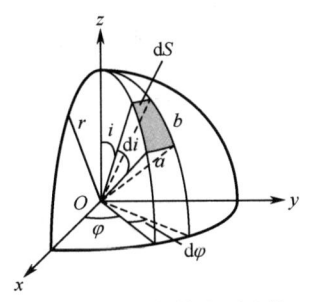

图 6-3 立体角的微元计算

对于图 6-3 有

$$a = r\sin i d\varphi \tag{6-2}$$

$$b = rdi \tag{6-3}$$

于是有

$$dS = a \times b = r^2 \sin i di d\varphi \tag{6-4}$$

$$d\Omega = \frac{dS}{r^2} = \sin i di d\varphi \tag{6-5}$$

对式（6-5）进行曲面积分：

$$\Omega = \iint \sin i di d\varphi = \int_{\varphi=0}^{2\pi} d\varphi \int_{i=0}^{U} \sin i di = 4\pi \sin^2 \frac{U}{2} \tag{6-6}$$

式中，U 如图 6-4 所示，当 U 很小时：

$$\Omega = 4\pi \left(\frac{U}{2}\right)^2 = \pi U^2 \tag{6-7}$$

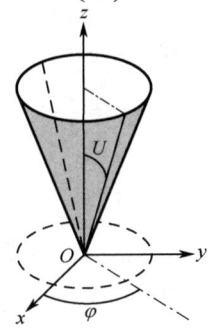

图 6-4 立体角计算

整个空间的立体角可以按下式求解：

$$\Omega = \iint \sin i di d\varphi = \int_{\varphi=0}^{2\pi} d\varphi \int_{i=0}^{\pi} \sin i di = 4\pi \tag{6-8}$$

由式（6-8）可以求得整个空间的立体角：

$$\Omega = 4\pi \tag{6-9}$$

6.2 辐射量

6.2.1 辐射通量

以电磁辐射形式发射、传输或接收的能量称为辐射能，用 Q_e 表示，单位为焦耳（J）。单

位时间 dt 内发射、传输或接收的辐射能 dQ_e 称为辐射通量，用 Φ_e 表示，表达式为

$$\Phi_e = \frac{dQ_e}{dt} \tag{6-10}$$

单位为瓦特（W）。

6.2.2 辐射强度

辐射体在某一方向元立体角 dΩ 内发出的辐射通量 dΦ_e 称为辐射强度，用 I_e 表示，表达式为

$$I_e = \frac{d\Phi_e}{dt} \tag{6-11}$$

单位为瓦特每球面度（W/sr），示意图如图 6-5 所示。

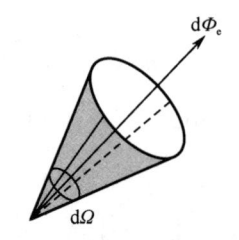

图 6-5 辐射强度的示意图

当辐射体在一个较大的立体角范围内均匀辐射时，辐射强度为

$$I_e = \frac{\Phi_e}{\Omega} \tag{6-12}$$

在整个空间范围内均匀辐射时，辐射强度为

$$I_e = \frac{\Phi_e}{4\pi} \tag{6-13}$$

6.2.3 辐射出射度

单位面积 dS 上发出的辐射通量 dΦ_e 称为辐射出射度，用 M_e 表示，表达式为

$$M_e = d\Phi_e / dS$$

单位为瓦特每平方米（W/m^2），示意图如图 6-6 所示。

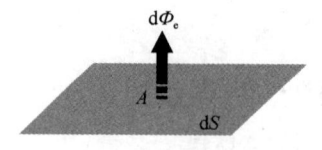

图 6-6 辐射出射度的示意图

6.2.4 辐射照度

单位面积 dS 上接收的辐射通量 dΦ_e 称为辐射照度，用 E_e 表示，表达式为

$$E_e = d\Phi_e / dS \tag{6-14}$$

单位为瓦特每平方米（W/m^2），示意图如图 6-7 所示。

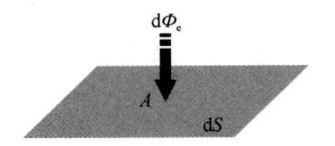

图 6-7 辐射照度的示意图

6.2.5 辐射亮度

辐射表面 dS 在 θ_a 方向上的辐射强度 I_e 与该表面在垂直于 θ_a 方向上的投影面积 dS_n 之比称为辐射亮度，用 L_e 表示，表达式为

$$L_e = I_e/\mathrm{d}S_n \tag{6-15}$$

单位为瓦特每球面度平方米（W/(sr·m^2)），示意图如图 6-8 所示。

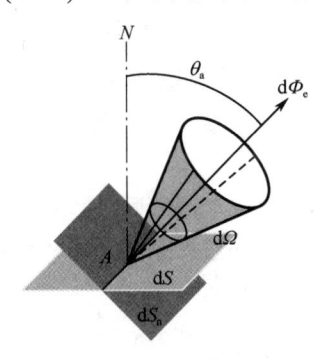

图 6-8 辐射亮度的示意图

式 (6-15) 中：

$$\mathrm{d}S_n = \cos\theta_a \mathrm{d}S \tag{6-16}$$

$$I_e = \frac{\mathrm{d}\Phi_e}{\mathrm{d}\Omega} \tag{6-17}$$

则

$$L_e = \frac{\mathrm{d}\Phi_e}{\cos\theta_a \mathrm{d}S \mathrm{d}\Omega} \tag{6-18}$$

6.3 光学量

辐射量和光学量的对应关系如表 6-1 所示。

表 6-1 辐射量和光学量的对应关系

辐射量	辐射能	辐射通量	辐射强度	辐射出射度	辐射照度	辐射亮度
对应符号	U	Φ_e	I_e	M_e	E_e	L_e
光学量	光能	光通量	发光强度	光出射度	光照度	光亮度
对应符号	Q	Φ	I	M	E	L

6.3.1 光通量

表征可见光对人眼视觉刺激程度的物理量称为光通量（Luminous Flux），用 Φ 表示，单位为流明（lm）。

通常，人眼对频率为 $540×10^{12}$ Hz（对应空气中的波长 $\lambda = 555$ nm）的黄绿光最敏感。通过实验测得，该单色光 1 W 的辐射通量等于 683 lm 的光通量，也就是说该单色光 1 lm 的光通量等于 1/683 W 的辐射通量。因此对波长为 555 nm 的光有

$$\mathrm{d}\Phi_{555\,\mathrm{nm}} = 683\mathrm{d}\Phi_{e555\,\mathrm{nm}} \tag{6-19}$$

但在其他波长下，光通量和辐射通量的关系与式（6-19）不同。在明视觉条件下，光通量和辐射通量的关系为

$$\mathrm{d}\Phi(\lambda) = 683 \cdot V(\lambda) \cdot \mathrm{d}\Phi_e(\lambda) = K \cdot \Phi_e(\lambda)\mathrm{d}\lambda \tag{6-20}$$

式中，$V(\lambda)$ 表示人眼对不同波长光的响应灵敏度函数，称为视见函数，又称光谱光视效率。若要对两种不同波长的光产生相同的视觉强度（刺激），则两种波长的光的辐射强度和视见函数的乘积应相等。

需要注意的是，观察条件不同，视见函数不同，如图 6-9 所示。明视觉 $V_{555\,\mathrm{nm}}=1$，暗视觉 $V_{507\,\mathrm{nm}}=1$。通过视见函数，可以比较不同波长光对人眼产生的刺激的强弱。

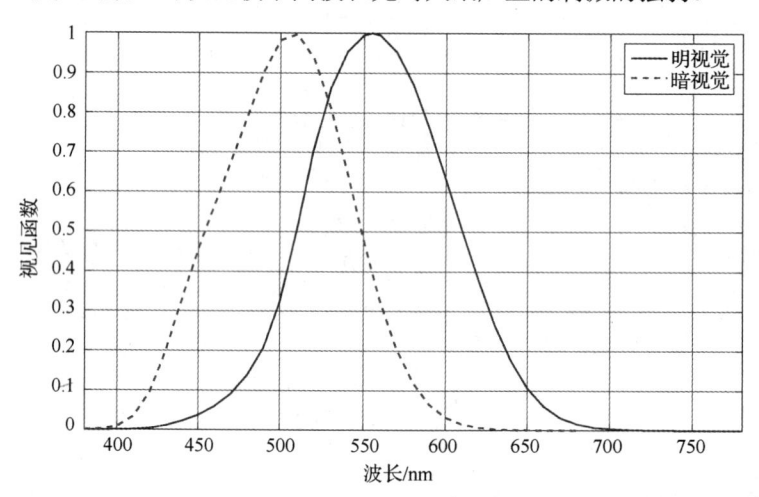

图 6-9 不同条件下的视见函数

在暗视觉下，光通量和辐射通量的关系为

$$\mathrm{d}\Phi(\lambda) = 1755V'(\lambda)\mathrm{d}\Phi_e(\lambda) = K'\Phi_e(\lambda)\mathrm{d}\lambda \tag{6-21}$$

因此，对于一定波长范围（以明视觉为例），有

$$\Phi(\lambda) = \int_\lambda K(\lambda)\Phi_e(\lambda)\mathrm{d}\lambda \tag{6-22}$$

式中，K 称为发光效率（又称光视效能）：

$$K(\lambda) = \frac{\mathrm{d}\Phi}{\mathrm{d}\Phi_e} \tag{6-23}$$

即

$$K = \frac{\int_\lambda K(\lambda)\Phi_e(\lambda)\mathrm{d}\lambda}{\int_\lambda \Phi_e(\lambda)\mathrm{d}\lambda} \tag{6-24}$$

单位为流明每瓦（lm/W）。

6.3.2 发光强度

光源在某一方向单位立体角 $\mathrm{d}\Omega$ 内发出的光通量 $\mathrm{d}\Phi$ 称为发光强度，用 I 表示，表达式为

$$I = \frac{\mathrm{d}\Phi}{\mathrm{d}\Omega} \tag{6-25}$$

单位为坎德拉（cd），示意图如图 6-10 所示。

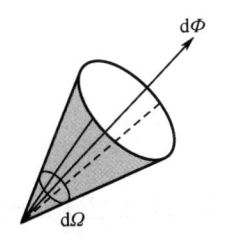

图 6-10 发光强度的示意图

若频率为 $540×10^{12}\,\mathrm{Hz}$ 的单色光的光辐射（$\lambda = 555\,\mathrm{nm}$）在给定方向上的辐射强度为 $1/683\,\mathrm{W/sr}$，则在该方向上的发光强度为 1 cd。

1）**发光强度 I 与光通量 Φ 的关系**

由式（6-25）可得

$$\Phi = \int_0^\varphi \int_0^i I\sin i\,\mathrm{d}i\,\mathrm{d}\varphi \tag{6-26}$$

各项均匀发光的点光源在孔径角 u 范围内发出的光通量为

$$\Phi = I\Omega = 4\pi I\sin^2\frac{u}{2} \tag{6-27}$$

2）**发光强度 I 和辐射强度 I_e 的关系**

因为有

$$\mathrm{d}\Phi(\lambda) = K\cdot V(\lambda)\mathrm{d}\Phi_e(\lambda) \tag{6-28}$$

所以有

$$\frac{\mathrm{d}\Phi(\lambda)}{\mathrm{d}\Omega} = K\cdot V(\lambda)\cdot\frac{\mathrm{d}\Phi_e(\lambda)}{\mathrm{d}\Omega} \tag{6-29}$$

于是有

$$I(\lambda) = K\cdot V(\lambda)\cdot I_e(\lambda) \tag{6-30}$$

6.3.3 光出射度

单位面积 $\mathrm{d}S$ 上发出的光通量 $\mathrm{d}\Phi$ 称为光出射度（Luminous Exitance），用 M 表示，表达式为

$$M = \frac{\mathrm{d}\Phi}{\mathrm{d}S} \tag{6-31}$$

单位为流明每平方米（lm/m²），示意图如图 6-11 所示。

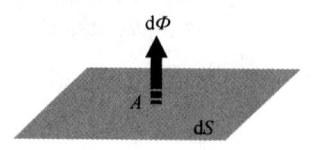

图 6-11　光出射度的示意图

不发光的表面 S 受光照度为 E 的光照射，一部分光被吸收，另一部分光被反射。若反射光通量 Φ_1 和入射光通量 Φ 的比为 ρ（反射率），则表面 S 的光出射度为

$$\frac{\Phi_1}{S} = \rho \frac{\Phi}{S} \tag{6-32}$$

即

$$M = \rho E \tag{6-33}$$

6.3.4　光照度

单位面积 $\mathrm{d}S$ 上接收的光通量 $\mathrm{d}\Phi$ 称为光照度（Illuminance），用 E 表示，表达式为

$$E = \mathrm{d}\Phi / \mathrm{d}S \tag{6-34}$$

单位为勒克斯（lx），1 lx = 1 lm/m²，示意图如图 6-12 所示。

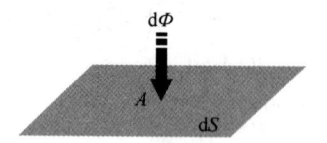

图 6-12　光照度的示意图

光照度的计算分点光源照射和面光源照射两种情况。

1. 点光源照射

点光源照射时光照度的计算如图 6-13 所示。

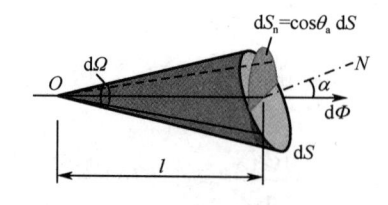

图 6-13　点光源照射时光照度的计算

由图 6-13 可以看出：

$$\mathrm{d}\Phi = I \mathrm{d}\Omega = I \frac{\mathrm{d}S_\mathrm{n}}{l^2} = \frac{I \cos\theta_\mathrm{a} \mathrm{d}S}{l^2} \tag{6-35}$$

按照式（6-35），光照度为

$$E = \frac{I \cos\theta_\mathrm{a}}{l^2} \tag{6-36}$$

光照度与光源发光强度 I 成正比,与夹角 θ_a 余弦值成正比,与距离的平方成反比。在垂直照射($\theta_a=0$)时,$E_{max}=I/l^2$;在掠射($\theta_a=90°$)时,$E_{min}=0$。

2. 面光源照射

面光源照射时光照度的计算如图 6-14 所示。

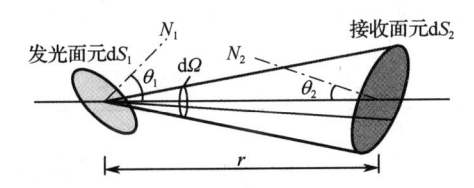

图 6-14 面光源照射时光照度的计算

发光面元为 dS_1;光源亮度为 L;在距离为 r 的接收面元 dS_2 上形成的光照度:

$$E = \frac{d\Phi}{dS_2}$$

$$= \frac{LdS_1\cos\theta_1 d\Omega}{dS_2}$$

$$= \frac{\dfrac{LdS_1\cos\theta_1 dS_2\cos\theta_2}{r^2}}{dS_2}$$

$$= LdS_1\cos\theta_1\cos\theta_2/r^2 \tag{6-37}$$

6.3.5 光亮度

发光面 dS 在 θ_a 方向上的发光强度 I 与该发光面在垂直于 θ_a 方向上的投影面积 dS_n 之比为光亮度(Luminance),用 L 表示,表达式为

$$L = \frac{I}{dS_n} \tag{6-38}$$

单位为坎德拉每平方米(cd/m^2),示意图如图 6-15 所示。

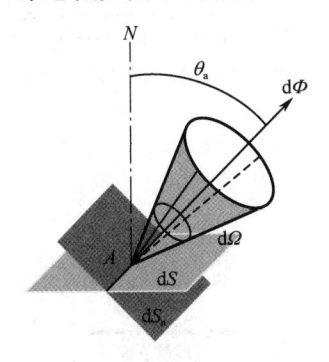

图 6-15 光亮度的示意图

由图 6-15 可以看出:

$$dS_n = dS \cdot \cos\theta_a \tag{6-39}$$

又因为:

$$I = \frac{\mathrm{d}\Phi}{\mathrm{d}\Omega} \tag{6-40}$$

于是有

$$L = \frac{\mathrm{d}\Phi}{\mathrm{d}S \cdot \cos\theta_a \cdot \mathrm{d}\Omega} \tag{6-41}$$

表 6-2 所示为不同发光体的光亮度。

表 6-2 不同发光体的光亮度

光源	$L/(\mathrm{cd/m^2})$	光源	$L/(\mathrm{cd/m^2})$
在地球上看到的太阳	1.5×10^9	白天晴朗的天空	5×10^3
普通电弧	1.5×10^8	在地球上看到的月亮表面	2.5×10^3
白炽灯灯丝	$(3\sim15) \times 10^6$	人工照明下的纸面	10
太阳照射下漫射的白色表面	3×10^4		

在实际生活中，很多物平面从各个角度看起来一样亮，如太阳、月亮、平面钨丝灯等。这类发光面的发光强度与空间方向具有余弦变化规律，即

$$I_\alpha = I_0 \cos\theta_a \tag{6-42}$$

此类发光体称为余弦辐射体（或朗伯辐射体），发光强度矢量端点轨迹是一个与发光面 $\mathrm{d}S$ 相切的球面，示意图如图 6-16 所示。

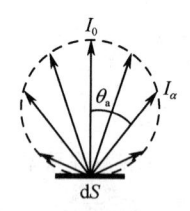

图 6-16 余弦辐射体的示意图

因此，余弦辐射体在任意方向的光亮度为定值：

$$L_\alpha = \frac{I}{\mathrm{d}S \cdot \cos\theta_a} = \frac{I_0 \cos\theta_a}{\mathrm{d}S \cdot \cos\theta_a} = \frac{I_0}{\mathrm{d}S} = 常数 \tag{6-43}$$

余弦辐射体的种类如图 6-17 所示，可以是自发光面（如绝对黑体、平面状钨丝灯），也可以是具有漫透射或漫反射特性的表面。

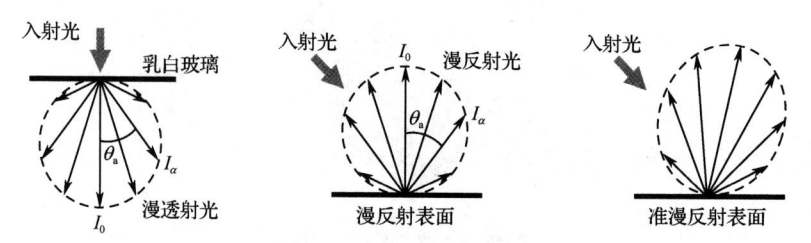

图 6-17 余弦辐射体的种类

余弦辐射体发出的光通量如图 6-18 所示。

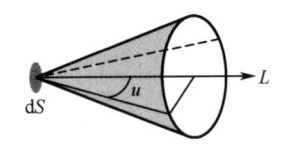

图 6-18 余弦辐射体发出的光通量

余弦辐射体表面向孔径角为 u 的立体角内发出的光通量为

$$d\Phi = L \cdot dS \cdot \cos\theta_a \cdot d\Omega \tag{6-44}$$

$$d\Omega = \sin\theta_a \cdot d\theta_a \cdot d\varphi \tag{6-45}$$

因此有

$$\begin{aligned}\Phi &= \int d\Phi \\ &= \int_0^\Omega L \cdot dS \cdot \cos\theta_a \cdot d\Omega \\ &= LdS \int_{\varphi=0}^{2\pi} d\varphi \int_{\alpha=0}^u \sin\theta_a \cos\theta_a d\theta_a \\ &= \pi LdS \sin^2 u \end{aligned} \tag{6-46}$$

单面发光（如 LED）情况下的光通量为

$$\Phi = \pi LdS \tag{6-47}$$

两面发光（如钨丝灯泡）情况下的光通量为

$$\Phi = 2\pi LdS \tag{6-48}$$

6.4 光传播过程中的光亮度变化规律

从物平面到像平面，光要经过不同的光学介质，并在光学系统表面发生反射和折射，因此在光传播过程中光学量会发生变化。下面以光传播过程中的光亮度变化规律来说明光学量的变化规律。为了获得稳定的传播规律，下面求解光管内的光亮度变化。

6.4.1 单一均匀介质中光管内光亮度的传递

单一均匀介质中光亮度的传递如图 6-19 所示。

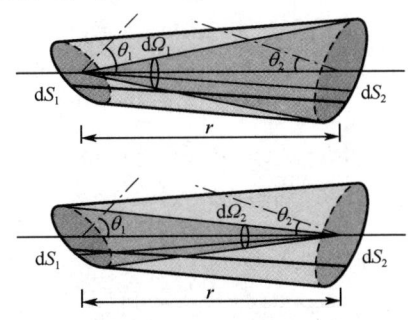

图 6-19 单一均匀介质中光亮度的传递

通过 dS_1 的光通量为

$$d\Phi_1 = L_1 \cos\theta_1 dS_1 d\Omega_1 = L_1 \cos\theta_1 dS_1 \frac{\cos\theta_2 dS_2}{r^2} \tag{6-49}$$

通过 dS_2 的光通量为

$$d\Phi_2 = L_2\cos\theta_2 dS_2 d\Omega_2 = L_2\cos\theta_2 dS_2 \frac{\cos\theta_1 dS_1}{r^2} \quad (6\text{-}50)$$

若无光能损耗，则有

$$d\Phi_1 = d\Phi_2 \quad (6\text{-}51)$$

即

$$L_1 = L_2 \quad (6\text{-}52)$$

位于同一条光线上的各点，在光线行进的方向上光亮度不变。

6.4.2 介质分界面处光亮度的传递

入射光束的入射角为 i、立体角为 $d\Omega$、光亮度为 L；出射光束的出射角为 i_1、立体角为 $d\Omega_1$、光亮度为 L_1；折射光束的折射角为 i'、立体角为 $d\Omega'$、光亮度为 L'，介质分界面处光亮度的传递如图 6-20 所示。

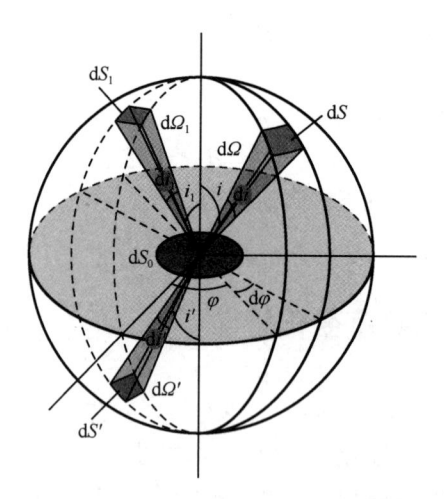

图 6-20 介质分界面处光亮度的传递

1. 反射界面

对于入射光束，光通量为

$$dS = r^2 \sin i\, di\, d\varphi \quad (6\text{-}53)$$

$$d\Omega = \frac{dS}{r^2} = \sin i\, di\, d\varphi \quad (6\text{-}54)$$

$$d\Phi = L\cos i\, dA\, d\Omega = L\sin i\cos i\, dA\, di\, d\varphi \quad (6\text{-}55)$$

对于反射光束，光通量为

$$dS_1 = r^2 \sin i_1\, di_1\, d\varphi \quad (6\text{-}56)$$

$$d\Omega_1 = \frac{dS_1}{r^2} = \sin i_1\, di_1\, d\varphi \quad (6\text{-}57)$$

$$d\Phi_1 = L_1\cos i_1\, dA\, d\Omega_1 = L_1 \sin i_1 \cos i_1\, dA\, di_1\, d\varphi \quad (6\text{-}58)$$

根据反射定律，反射角等于入射角，令反射率为 ρ，即

$$i_1 = i \quad (6\text{-}59)$$

$$d\Phi_1 = \rho\, d\Phi \quad (6\text{-}60)$$

所以有

$$\frac{\mathrm{d}\Phi_1}{\mathrm{d}\Phi} = \frac{L_1}{L} = \rho \tag{6-61}$$

$$L_1 = \rho L \tag{6-62}$$

2. 折射界面

同样，对于入射光束，光通量为

$$\mathrm{d}S = r^2 \sin i \mathrm{d}i \mathrm{d}\varphi \tag{6-63}$$

$$\mathrm{d}\Omega = \frac{\mathrm{d}S}{r^2} = \sin i \mathrm{d}i \mathrm{d}\varphi \tag{6-64}$$

$$\mathrm{d}\Phi = L\cos i \mathrm{d}A \mathrm{d}\Omega = L\sin i \cos i \mathrm{d}A \mathrm{d}i \mathrm{d}\varphi \tag{6-65}$$

对于折射光束，光通量为

$$\mathrm{d}S' = r^2 \sin i' \mathrm{d}i' \mathrm{d}\varphi \tag{6-66}$$

$$\mathrm{d}\Omega' = \frac{\mathrm{d}S'}{r^2} = \sin i' \mathrm{d}i' \mathrm{d}\varphi \tag{6-67}$$

$$\mathrm{d}\Phi' = L'\cos i' \mathrm{d}A \mathrm{d}\Omega' = L'\sin i' \cos i' \mathrm{d}A \mathrm{d}i' \mathrm{d}\varphi \tag{6-68}$$

根据能量守恒定律有

$$\mathrm{d}\Phi' = \mathrm{d}\Phi - \mathrm{d}\Phi_1 = (1-\rho)\mathrm{d}\Phi \tag{6-69}$$

根据折射定律有

$$n\sin i = n'\sin i' \tag{6-70}$$

由此可得

$$n\cos i \mathrm{d}i = n'\cos i' \mathrm{d}i' \tag{6-71}$$

$$n^2 \sin i \cos i \mathrm{d}i = n'^2 \sin i' \cos i' \mathrm{d}i' \tag{6-72}$$

因此有

$$1-\rho = \frac{L'n^2}{Ln'^2} \tag{6-73}$$

当 $\rho=0$ 时（若采用增透膜，则反射率接近 0），有

$$\frac{L'}{n'^2} = \frac{L}{n^2} \tag{6-74}$$

由此可见，光在介质分界面处发生折射时，若不考虑光能损失，则在传播方向上的任意截面内光通量不变，$\frac{L}{n^2}$ 恒定不变，即

$$\frac{L}{n^2} = 常数 \tag{6-75}$$

当 $n' = n$ 时，$L' = L$，与光在单一介质光管内的传递结论一致。当光在介质分界面发生反射（$n' = n$）时，$L' = L$。

式（6-75）中的常数称为折合光亮度，在不考虑光束传播过程中光能损失的情况下，位于同一条光线上的各点在该光传播方向上的折合光亮度 L_0 保持不变。

当 $\rho \neq 0$ 时，透射率 $\tau = 1-\rho$，此时有

$$L' = \tau \frac{n'^2}{n^2} L \tag{6-76}$$

由此可得，透射光的光亮度不仅与透过率的大小有关，而且与介质折射率有关。当系统物像空间介质相同时，像的光亮度永远小于物的光亮度。

6.5 成像系统像平面的光照度

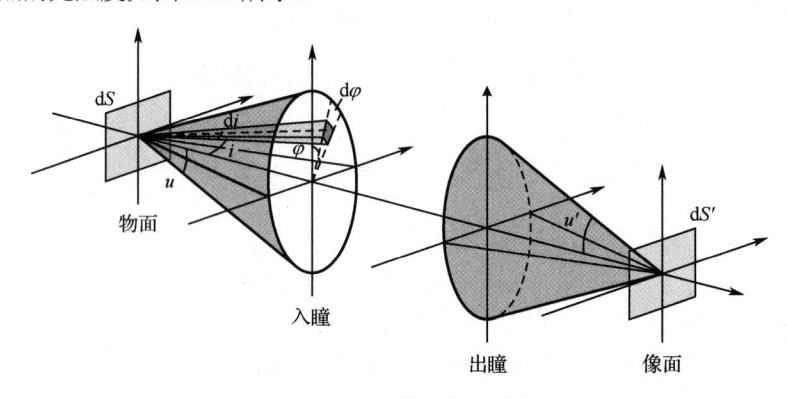

6.5.1 轴上像点的光照度

轴上像点的光照度如图 6-21 所示。

图 6-21 轴上像点的光照度

若轴上像点附近的微面为 dS'、像方孔径角为 u'、光亮度为 L'，则离开系统的光通量为

$$\Phi' = \pi L' dS' \sin^2 u' \tag{6-77}$$

轴上像点的光照度为

$$\begin{aligned} E'_0 &= \frac{\Phi'}{dS'} \\ &= \pi L' \sin^2 u' \\ &= \tau \pi L \left(\frac{n'}{n}\right)^2 \sin^2 u' \end{aligned} \tag{6-78}$$

当 $n' = n$ 时，有

$$E'_0 = \tau \pi L \sin^2 u' \tag{6-79}$$

在小视场、大孔径光学系统成完善像的情况下，满足正弦条件：

$$\beta = \frac{y'}{y} = \frac{nu}{n'u'} = \frac{n \sin u}{n' \sin u'} \tag{6-80}$$

则轴上像点的光照度为

$$E'_0 = \frac{1}{\beta^2} \tau \pi L \sin^2 u \tag{6-81}$$

孔径角越大，系统放大倍率越小，轴上像点的光照度越大。

6.5.2 轴外像点的光照度

轴外像点的光照度如图 6-22 所示。

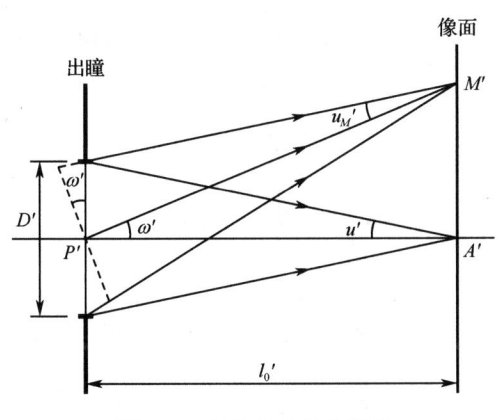

图 6-22 轴外像点的光照度

在物平面光亮度均匀的情况下，轴上像点和轴外像点对应光束的截面积相等，因此轴外像点的光照度为

$$E'_M = \tau \pi L \left(\frac{n'}{n}\right)^2 \sin^2 u'_M \qquad (6\text{-}82)$$

当 u'_M 较小时有

$$\sin u'_M \approx \tan u'_M = \frac{\dfrac{D'}{2}\cos\omega'}{\dfrac{l'_0}{\cos\omega'}}$$

$$\approx \sin u' \cos^2 \omega' \qquad (6\text{-}83)$$

此时有

$$E'_M = \tau \pi L \left(\frac{n'}{n}\right)^2 \sin u' \cos^4 \omega'$$

$$= E'_0 \cos^4 \omega' \qquad (6\text{-}84)$$

由式（6-84）可知，轴外像点的光照度小于轴上像点的光照度，轴外像点的光照度随视场角 ω' 的增大而急速降低。轴外像点光照度随视场角的变化如表 6-3 所示。

表 6-3 轴外像点光照度随视场角的变化

ω'	0	10°	20°	30°	40°	50°	60°
E'_M/E'_0	1	0.941	0.780	0.563	0.344	0.171	0.063

6.6 光学系统中透射率的计算

任何实际光学系统不可能完全透明，Φ' 永远小于 Φ，即光学系统的透过率 τ 永远小于 1。若想求出光学系统成像的实际光亮度和光照度，必须求透射率 τ。光能损失主要包括两部分——光束在光学元件表面（包括反射面和两个透明界面）的反射损失和透射材料的吸收损失。

6.6.1 反射损失求解

为了简化计算，在计算反射损失时忽略吸收损失。反射损失计算示意图如图 6-23 所示，

入射光 Φ 在表面 1 分为透射光 Φ' 和反射光 Φ''，设 ρ 为各表面的反射系数。

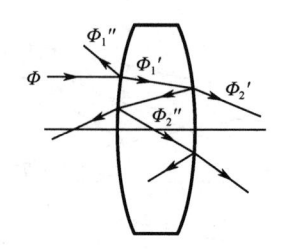

图 6-23　反射损失计算示意图

对于表面 1，透射光通量为
$$\Phi' = \Phi(1-\rho_1) \tag{6-85}$$

不考虑吸收，对于表面 2 入射光通量 Φ_2 为
$$\Phi_2 = \Phi'_1 \tag{6-86}$$

所以有
$$\Phi'_2 = \Phi(1-\rho_1)(1-\rho_2) \tag{6-87}$$

依次类推，如果系统包含多个透镜，则表面 k 上获得的光通量为
$$\Phi'_k = \Phi(1-\rho_1)(1-\rho_2)\cdots(1-\rho_k) \tag{6-88}$$

6.6.2　吸收损失求解

吸收损失计算示意图如图 6-24 所示。

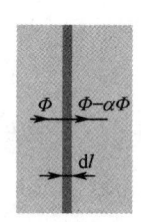

图 6-24　吸收损失计算示意图

按朗伯比尔定律来求解，光线穿过一小段 dl 吸光物质后，光通量变为
$$\Phi_2 = \Phi'_1 e^{-kl} \tag{6-89}$$

式中，k 为吸收系数；l 为吸光物质的厚度。

令
$$P = e^{-k} \tag{6-90}$$

则
$$\Phi_2 = \Phi'_1 P^l \tag{6-91}$$

式中，P 表示光通过单位厚度为 1 cm 的介质层时的出射光通量与入射光通量之比，称为介质的透明系数。

在同时考虑反射损失和吸收损失的情况下，光线穿过 m 个折射面和 n 种介质后光通量为
$$\Phi'_m = \Phi(1-\rho_1)(1-\rho_2)\cdots(1-\rho_m)P_1^{l_1}P_2^{l_2}\cdots P_n^{l_n} \tag{6-92}$$

光学系统的透过率为

$$\tau = \frac{\Phi'_m}{\Phi} = (1-\rho_1)(1-\rho_2)\cdots(1-\rho_m)P_1^{l_1}P_2^{l_2}\cdots P_n^{l_n} \qquad (6\text{-}93)$$

式中，ρ 与介质的折射率 n、n' 和光束入射角 i 有关。

习题

6.1 教学用激光笔发射的光的波长约为 650 nm、光功率为 1 mW，光斑直径为 4 mm，若屏幕为全扩散表面，漫反射系数为 0.6，则人眼在屏幕上看到的光斑光亮度为多少？（在明视觉条件下，视见函数为 $V_{650\text{nm}}=0.107$。）

6.2 根据国家照明标准，用于阅读照明的台灯正下方 120°角度范围内的光照度应不低于 500 lx。若将台灯视为各方向发光强度均匀的点光源，则台灯的发光效率为 50 lm/W，光功率为 20 W。
（1）台灯放置在多高处可以满足光照度的要求？
（2）桌面上，距离台灯正下方 0.5 m 处的光照度为多少？

6.3 在现实生活中有许多光度学实例，如图 6-25 所示，照明器需要在 15 m 处照亮一个直径为 2.5 m 的圆形区域并达到平均照度为 50 lx 的要求，聚光镜的焦距为 150 mm，通光口径为 150 mm。试求，光源的发光强度和光源发出的光线通过聚光镜成像后在照明范围内的平均发光强度，以及光源的功率和位置。

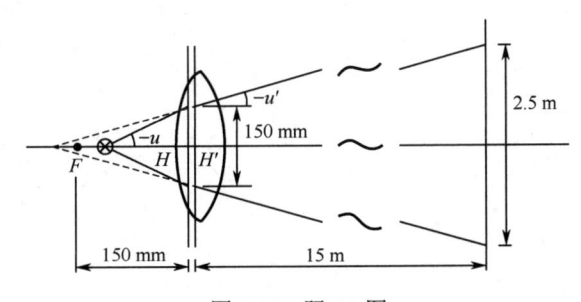

图 6-25 题 6.3 图

6.4 在使用数码相机拍照时，为了使图像传感器上的曝光量合适，光圈的大小和曝光时间要取合适的值。当光圈数为 11、曝光时间为 1/81 s 时，像平面曝光量是合适的。拍摄相同的目标，若将曝光时间改为 1/2500 s，则光圈数取多大才能使图像传感器上的曝光量保持不变？如果前后两次拍摄数码相机的焦距不变，则拍摄的照片有什么区别？（曝光量=光通量×曝光时间）

6.5 532 nm 微型激光器可用于生物医学检查设备、激光显微镜、拉曼光谱等诸多领域。有一个 Nd:YAG 激光器，其发射波长为 532 nm 绿色激光，光束发散角为 3.5 mrad，激光输出端面光束口径为 1 mm，输出光功率为 20 mW。此激光束的光通量和发光强度分别为多少？在距离 10 m 处形成的光照度是多少？（在明视觉条件下，视见函数为 $V_{532\text{nm}}=0.862$。）

6.6 某电影放映机的光学系统如图 6-26 所示。物镜焦距 $f'=120$ mm，$D/f'=1/1.8$，底片的窗口尺寸为 20.9 mm×15.2 mm，光通量在屏幕上只能达到 400 lm，底片的窗口宽度尺寸经物镜放大后要充满屏幕宽度 3360 m。
（1）求这个电影放映机光学系统的孔径光阑、入瞳、出瞳、视场光阑、入窗、出窗的位置及大小。

（2）求底片窗口离物镜的距离和屏幕离物镜的距离。

（3）求物方孔径角、像方孔径角、物方视场角、像方视场角。

（4）求物镜的拉赫不变量 J。

（5）求屏幕最边缘点的面渐晕系数 K_s。

（6）求目前能够达到的屏幕上的平均光照度。

（7）屏幕上最边缘点的光照度是中心点光照度的多少倍？

（8）若这台放映机使用的光源是 400 W 的白炽灯泡，其发光效率为 15 lm/W，试计算该电影放映光学系统的光能利用率（屏幕上所得到的光通量与光源所发出的光通量之比）。

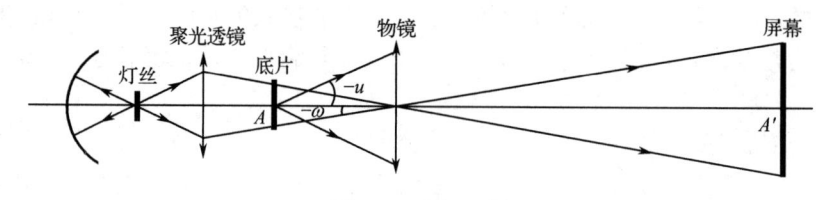

图 6-26　题 6.6 图

第 7 章 几 何 像 差

第 2 章讨论了理想光学系统，理想光学系统成像是完善的，物点与像点是一一对应的。实际光学系统只在近轴区才具有理想光学系统的性质，即只有在孔径和视场近似于零的情况下才能接近理想成像。第 3 章通过对球面光学系统进行光线追迹可知，在实际光学系统中非近轴光线和近轴光线的计算结果是有差异的，一个物点的实际成像为一个弥散斑。光学系统所成的实际像与高斯像之间的差异统称为像差。

几何像差是以几何光线经光学系统的实际光路相对于理想光路的偏离来度量的。几何像差数值的大小与实际光学系统成像时几何光线的密集程度相关，可以直观地显示像差现象、评价成像质量。

几何像差主要有两种类型：单色像差和色差。单色像差是指单一波长的光经过光学系统成像产生的像差。色差是指复色光经过光学系统成像产生的像差，分为位置色差和倍率色差。

7.1 单色像差

单色像差分为轴上像差和轴外像差，其中轴上像差只有一种，即球差；轴外像差包括四种，分别为彗差、场曲、像散和畸变。实际上，所有轴外像差可以看作离轴球差的一种表现形式。单色像差也称塞德尔像差，赛德尔像差又称初级像差或三阶像差。赛德尔像差系数表征了光学系统的初级像差在各个折射面上的分布，它不仅与光学系统的物距和视场相关，而且与光学系统的结构密切相关。

下面简单介绍每种像差的产生机制及其校正方法。

7.1.1 球差

1. 球差的产生机制

由第 3 章的计算可知，对于实际的球面光学系统，在非傍轴情况下，轴上物点发出的不同孔径高度的入射光线，其出射光线与光轴的交点位置不相同，这导致实际成像不是一个清晰的点，而是一个弥散斑，如图 7-1 所示。由于光学系统具有轴对称性，因此轴上物点发出的光束光与光轴是对称的，像方弥散斑都是圆形的，不同像平面位置形成的弥散斑的直径和分布也不同。

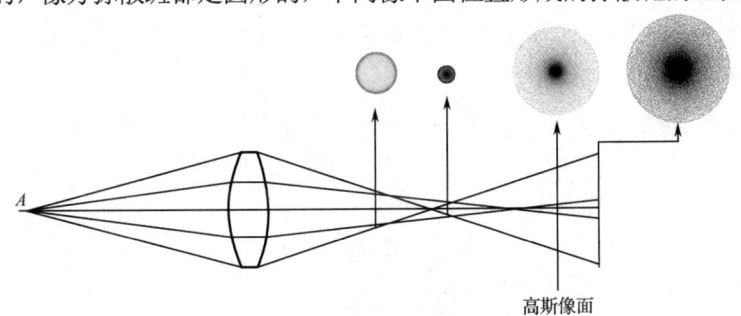

图 7-1 球差产生的弥散斑

球差的产生原理如图 7-2 所示。

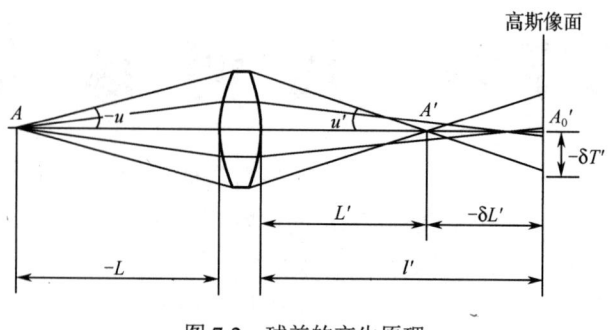

图 7-2 球差的产生原理

轴上物点发出的不同孔径角 u 的光线交光轴于不同位置，其相对于近轴像点（高斯像点）沿光轴方向的偏离称为轴向球差，用 $\delta L'$ 表示：

$$\delta L' = L' - l' \tag{7-1}$$

球差的存在使得高斯像平面上的像点已不是一个点，而是一个圆形弥散斑，圆形弥散斑的半径就是最大孔径角的出射光线在高斯像平面上的高度，称为垂轴球差，用 $\delta T'$ 表示：

$$\delta T' = \delta L' \tan u' \tag{7-2}$$

球差与光线入射高度 h 或孔径角 u 有关，在数学上可写为

$$\delta L' = A_1 h^2 + A_2 h^4 + A_3 h^6 + \cdots = a_1 u^2 + a_2 u^4 + a_3 u^6 + \cdots \tag{7-3}$$

式中，第一项为初级球差，第二项为二级球差，第三项为三级球差。二级以上球差称为高级球差。A_1、A_2、A_3 分别为初级球差系数、二级球差系数、三级球差系数。

大部分光学系统的高级球差很小，可以忽略，因此球差可表示为

$$\delta L' = A_1 h^2 + A_2 h^4 = a_1 u^2 + a_2 u^4 \tag{7-4}$$

需要注意的是，小孔径系统主要考虑初级球差，大孔径系统必须考虑高级球差。

2．球差对成像的影响

球差致使轴上物点成像为一个圆斑，像点因此变得模糊，进而降低了成像的清晰度和分辨率。对于有限远物点来说，不同孔径光束的弥散斑图样明显不同。球差是轴上物点的像差，位于视场中心，对整个像平面的影响最明显，必须加以校正。

3．球差的校正

球差是入射高度或孔径角偶数次方的函数，因此只能针对某一入射高度或孔径角度来校正球差。在实际设计光学系统时，通常使边缘带（最大入射高度或孔径角）光线的初级球差与高级球差大小相等、符号相反，在边缘带处补偿球差，将球差校正为零，如图 7-3 所示。

当边缘带处的球差校正为零时有

$$\delta L'_m = A_1 h_m^2 + A_2 h_m^4 = 0 \tag{7-5}$$

$$A_1 = -A_2 h_m^4 \tag{7-6}$$

根据式（7-5）和式（7-6），式（7-4）可表示为

$$\delta L' = -A_2 h_m^2 h^2 + A_2 h^4 \tag{7-7}$$

球差在 $h = 0.707 h_m$ 处有最大剩余球差：

$$\delta L'_{0.707} = -A_2 h_m^2 (0.707 h_m)^2 + A_2 (0.707 h_m)^4 = -A_2 h_m^4 / 4 \tag{7-8}$$

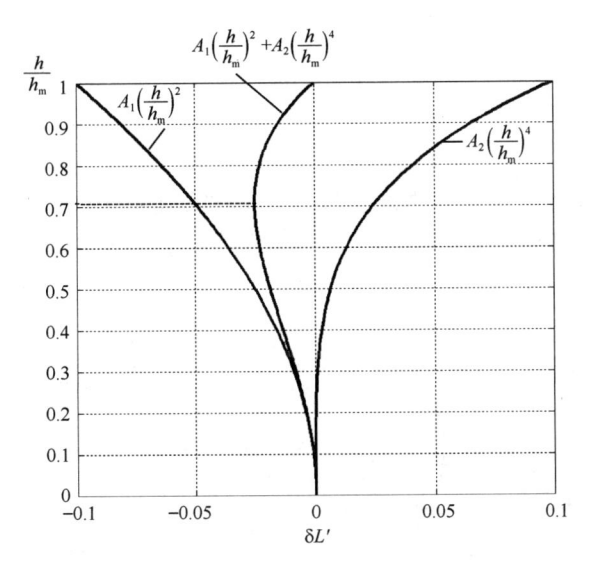

图 7-3 球差的校正

对于单个正透镜，越靠近边缘的光线的偏向角越大，边缘光线的像距比近轴光线的像距小，因此单个正透镜产生负球差。反之，单个负透镜产生正球差，如图 7-4 所示。因此，可以利用正透镜、负透镜的组合来消除球差，如图 7-5 所示。

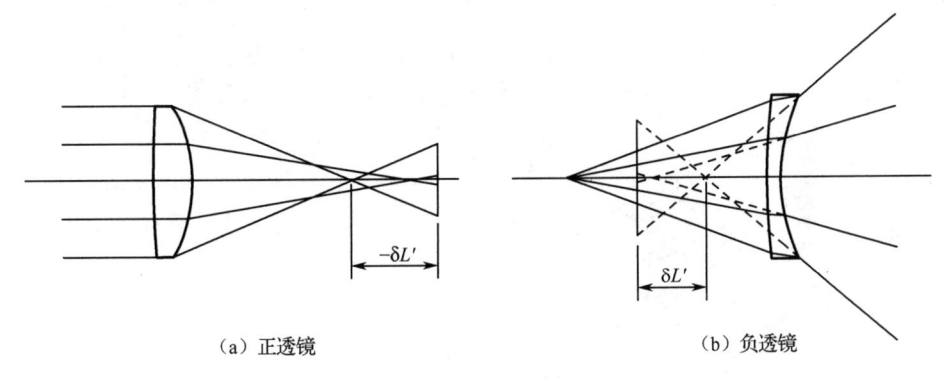

（a）正透镜　　　　　　　　　　　　（b）负透镜

图 7-4　正透镜、负透镜的球差

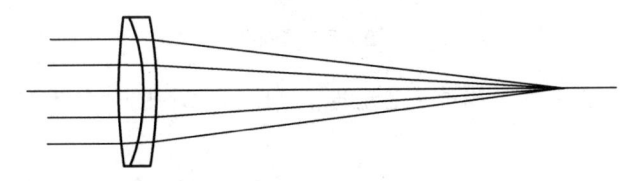

图 7-5　利用正透镜、负透镜的组合消除球差

此外，还可以设计非球面透镜对球差进行校正，如图 7-6 所示。

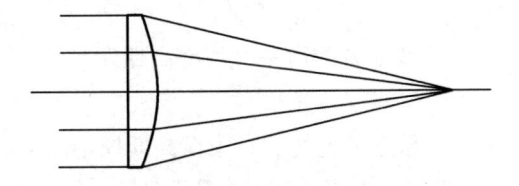

图 7-6　利用非球面透镜校正球差

7.1.2 彗差

1. 彗差的产生机制

彗差是一种轴外物点发出的宽光束经系统所成的像相对于主光线失去对称性的像差。这种像差可以在子午面（T）和弧矢面（S）内分别进行讨论，分别称为子午彗差和弧矢彗差，如图 7-7 所示。

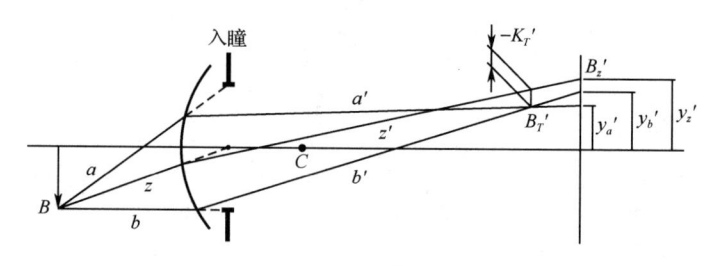

（a）子午彗差

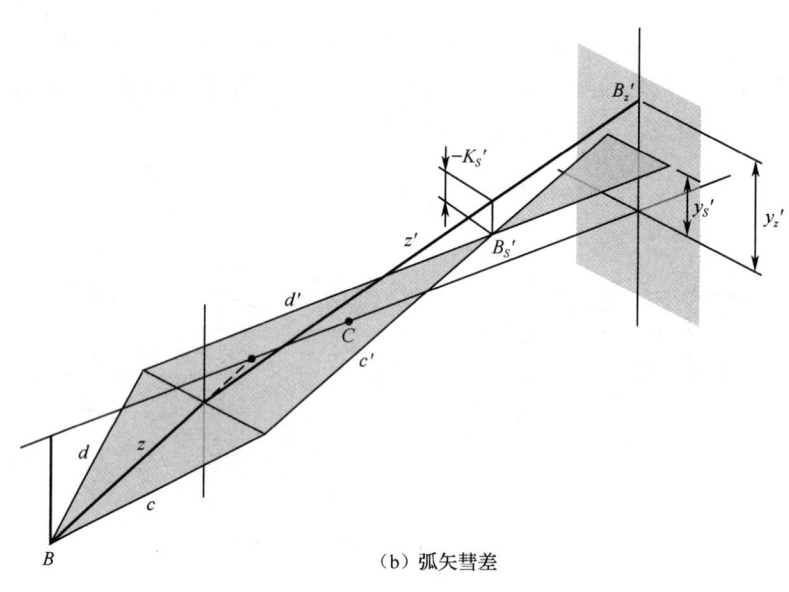

（b）弧矢彗差

图 7-7 彗差

子午彗差是指子午面内的光线对（上光线 a、下光线 b）的交点 B_T' 到主光线的垂轴距离，用 K_T' 表示：

$$K_T' = (y_a' + y_b')/2 - y_z' \tag{7-9}$$

弧矢彗差是指弧矢面内的光线对（前光线 c、后光线 d）的交点 B_S' 到主光线的垂轴距离，用 K_S' 表示：

$$K_S' = y_S' - y_z' \tag{7-10}$$

式中，y_S' 表示弧矢面内关于主光线对称的两条光线在高斯像平面上高度相等的交点。弧矢彗差总是小于子午彗差。

在具有彗差的光学系统中，靠近主光线的光束在高斯像平面上成像为亮点，而远离主光线的不同孔径的光束在高斯像平面上形成远离主光线的环带，如图 7-8 所示，轴外物点在高斯像平面上成像为与彗星形状类似的弥散斑，故将这种成像缺陷称为彗差。

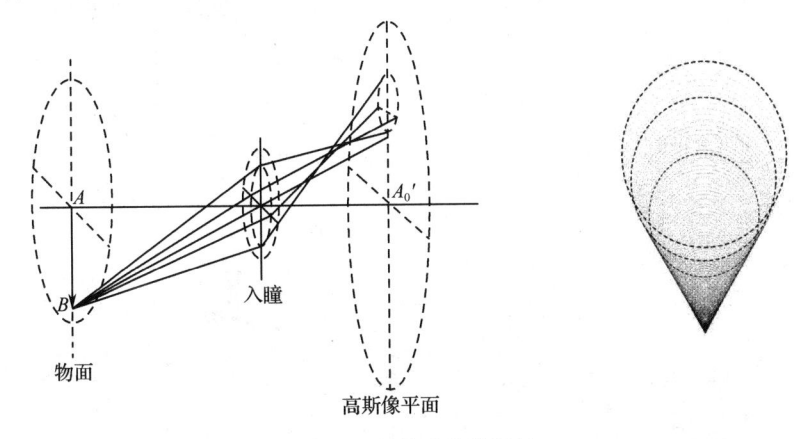

图 7-8　彗差形成的原理

彗差是宽光束的像差，是孔径 h 和视场 y 的函数，可用下式表示：

$$K'_S = A_1 yh^2 + A_2 yh^4 + A_3 y^3 h^2 + \cdots \tag{7-11}$$

物点离光轴越远，彗差越大；对于给定的轴外物点，成像光束的孔径角越大，彗差越大；当视场和孔径中的任一为零时，无彗差。

2．彗差对成像的影响

彗差对成像的影响如图 7-9 所示。图 7-9（a）所示为物点成像的彗差，图 7-9（b）所示为字母 F 成像的彗差。从视场中心往外，随着视场的增大，彗差逐渐变大，这使得轴外视场的清晰度逐渐降低。特别是对于大孔径的望远系统而言，彗差的影响力更为显著。

（a）物点成像的彗差　　　　（b）字母F成像的彗差

图 7-9　彗差对成像的影响

3．彗差的校正

彗差的大小与光束宽度、物体的大小、光阑位置、光组内部结构（折射率、曲率、孔径）有关。彗差随视场的增大而增大，对于大视场的光学系统，必须校正彗差。以子午彗差为例，当弯月透镜凹面朝入瞳时，$K'_T > 0$，如图 7-10（a）所示；当弯月透镜凸面朝入瞳时，$K'_T < 0$，如图 7-10（b）所示。

单一透镜或透镜系统的彗差可以通过合理设计透镜各折射面的曲率半径、合理设计光阑位置、使用对称结构的光学系统，以及使用非球面镜等方法来校正。对称结构的光学系统校正彗差如图 7-11 所示，其中孔径光阑位于系统中央且垂轴放大率 $\beta=-1$ 的对称结构的光学系统中，孔径光阑前部和后部产生的彗差大小相等、符号相反，相互抵消。

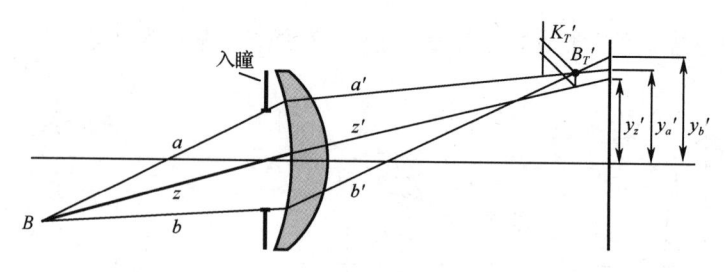

(a) 弯月透镜凹面朝入瞳

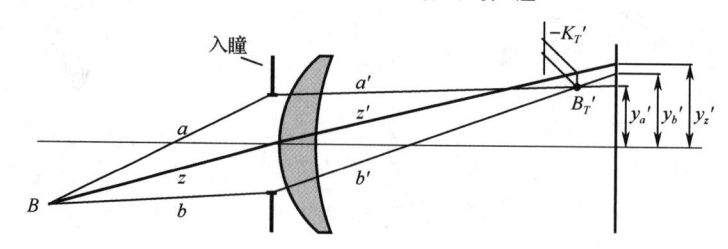

(b) 弯月透镜凸面朝入瞳

图 7-10　不同透镜对应的彗差

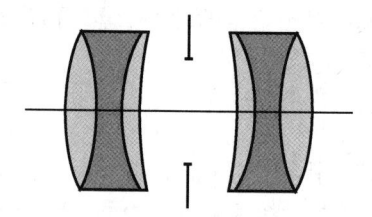

图 7-11　对称结构的光学系统校正彗差

对称结构的光学系统不仅可以校正彗差，而且还可以校正像散、场曲、畸变等轴外像差。常用的对称结构光学系统有库克三片式物镜［见图 7-12（a）］和双高斯物镜［见图 7-12（b）］等。

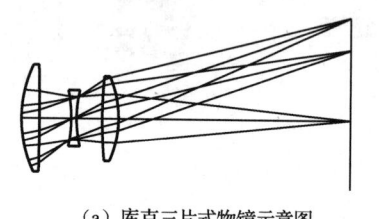

（a）库克三片式物镜示意图　　　　（b）双高斯物镜示意图

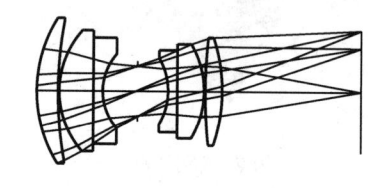

图 7-12　对称结构光学系统示意图

7.1.3　场曲

1. 场曲的产生机制

轴外物点光束的汇聚点沿光轴方向偏离高斯像平面的距离称为场曲。子午面内光线对（上光线、下光线）的交点 B_T' 到高斯像平面的轴向距离用 X_T' 表示，称为子午场曲。前光线 c 和后光线 d 经系统后的交点 B_S' 到高斯像平面的距离用 X_S' 表示，称为弧矢场曲。对于细光束而言，子午场曲为 x_t'，弧矢场曲为 x_s'，如图 7-13 所示。

(a) 子午场曲

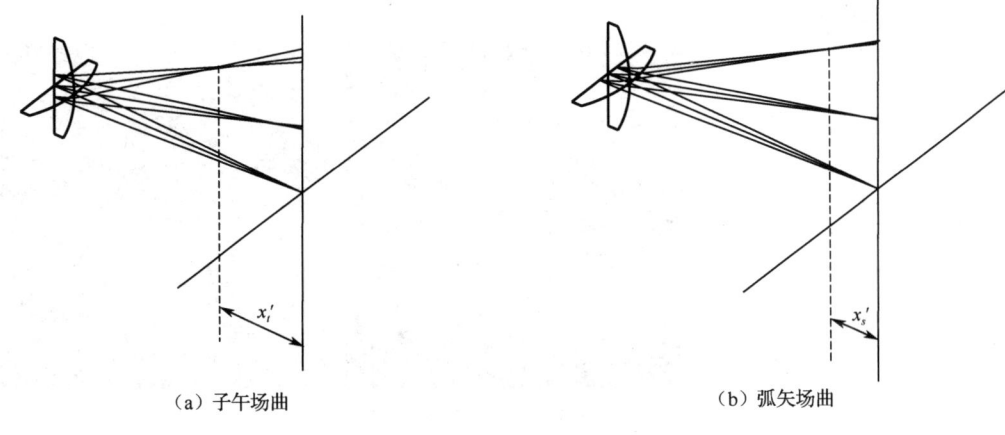

(b) 弧矢场曲

图 7-13　细光束的场曲

由各视场的子午像点构成的像平面称为子午像平面，由弧矢像点构成的像平面称为弧矢像平面，如图 7-14（a）所示，两者均为对称于光轴的旋转曲面。子午场曲及弧矢场曲的大小如图 7-14（b）所示。因此，对于一个平面物体，在像方垂直于光轴的任何一个平面上，都无法得到该平面物体的完善像。

(a) 子午像平面及弧矢像平面

(b) 子午场曲及弧矢场曲的大小

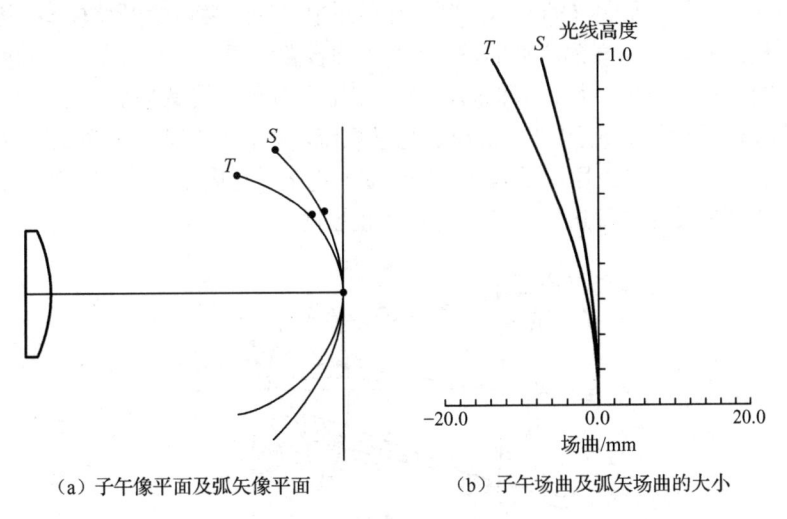

图 7-14　场曲及其大小

对于细光束而言，场曲的表达式为

$$x'_{t(s)} = A_1 y^2 + A_2 y^4 + A_3 y^6 + \cdots \tag{7-12}$$

视场越大，场曲越大；当视场为零时，场曲为零。

2. 场曲对成像的影响

图 7-15 所示为场曲对成像的影响，该图给出了放射形细线在像方不同位置处的像。由于存在场曲，在高斯像平面上［见图 7-15（b）］，超出近轴区的像点会变得模糊；高斯像平面前方某位置［见图 7-15（c）］，像平面中心成像并不清晰，而是接近视场边缘的区域成像更清晰。场曲导致像平面一部分清晰，而另一部分模糊，无法使整个像平面同时实现清晰成像。因此，在检测镜头或照相物镜时，通常需要进行场曲校正，如观测用的显微镜配备的平场物镜就是为

了校正场曲而设计的。

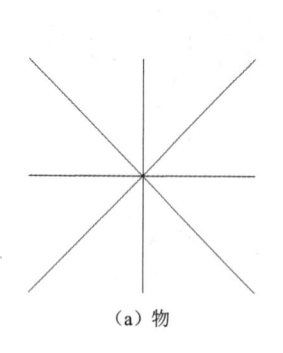

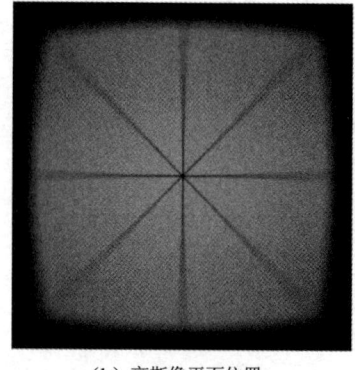

(a) 物   (b) 高斯像平面位置   (c) 高斯像平面前方

图 7-15　场曲对成像的影响

3. 场曲的校正

场曲是球面光学系统的固有性质，单纯通过减小光圈（缩小孔径）并不能有效改善场曲引起的模糊现象。在用存在场曲的镜头拍照时，若调焦至画面中央的影像清晰，则画面四周影像就会模糊；若调焦至画面四周的影像清晰，则画面中央的影像就会开始模糊，因此无法在平直的像平面上获得中心与四周都清晰的像。将物平面设置为弧面，可以在一定程度上减少场曲对成像清晰度的影响。在拍摄集体人像时，让人们排成弧形，就是基于这一原理的应用。

通过优化光阑的位置、使用对称结构的光学系统，以及采用非球面系统等方法，可以校正场曲。除此之外，也可以采用佩兹瓦尔（Petzval）镜头［见图 7-16］校正场曲。佩兹瓦尔镜头的最后一个透镜被设计为负透镜，其作用是校正场曲。

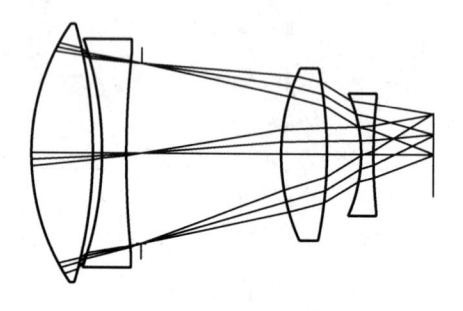

图 7-16　佩兹瓦尔镜头

7.1.4　像散

1. 像散的产生机制

轴外物点发出的细光束经光学系统成像时，子午像点（B'_t）和弧矢像点（B'_s）不重合，形成像散，用 x'_{ts} 表示，如图 7-17 所示，其计算式如式（7-13）所示：

$$x'_{ts} = x'_t - x'_s = (t' - s')\cos u'_z \tag{7-13}$$

不同视场角的细光束像点位置不同，进而形成两个弯曲像平面——子午像平面和弧矢像平面，这两个像平面都是关于光轴对称的旋转曲面。

像散和场曲的关系：有像散必有场曲，但当像散为零时场曲不一定为零。

对于细光束而言，像散的表达式为

$$x'_{ts} = A_1 y^2 + A_2 y^4 + A_3 y^6 + \cdots \tag{7-14}$$

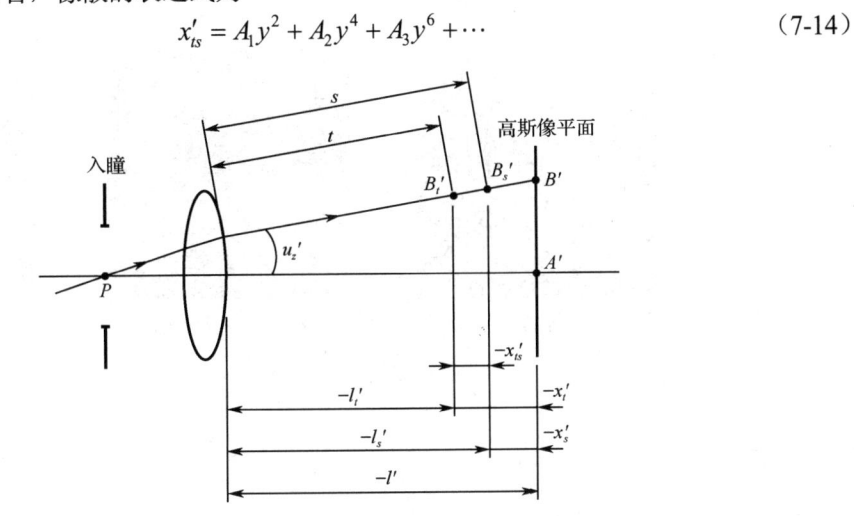

图 7-17　像散

2. 像散对成像的影响

不同位置的像散形状如图 7-18 所示。在 B 处，细光束聚焦成一条垂直于子午平面的短线，称为子午焦线；在 D 处，细光束聚焦成一条位于子午平面内的垂直短线——弧矢焦线。

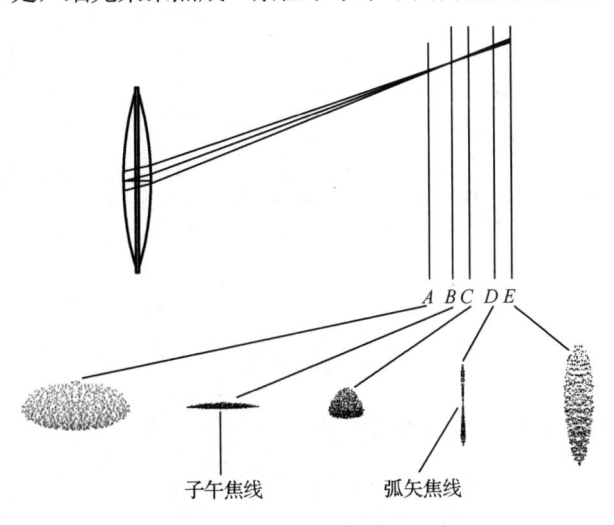

图 7-18　不同位置的像散形状

当物［见图 7-19（a）］为放射形细线时，像方不同位置处细光束的成像如图 7-19（b）～（d）所示。图 7-19（b）、图 7-19（c）、图 7-19（d）分别为子午焦线位置的像、子午焦线与弧矢焦线之间位置的像及弧矢焦线位置的像。由此可见，像散会影响轴外物点的成像质量，即使在小孔径情况下（光圈很小），子午面内和弧矢面内也无法同时获得清晰的成像。

3. 像散的校正

细光束像散仅与光学系统的视场有关，视场越大，像散现象越明显。对于大视场系统，无论相对孔径多小，都需要校正像散。像散的校正一般是使某一视场（如 0.7 视场）的像散值为零，其他视场仍有剩余像散来实现的。通过调节光阑的位置、使用对称结构的光学系统、采用非球面镜等方法，可以减小像散的影响。

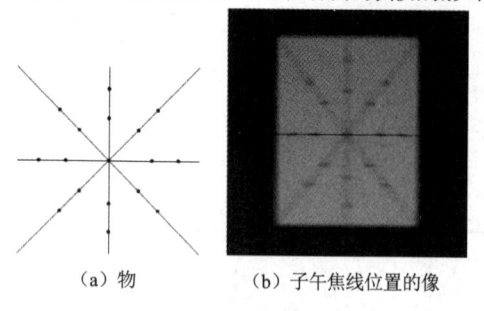

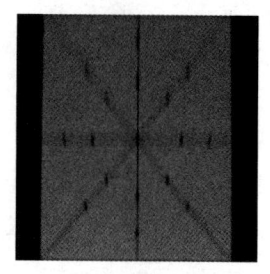

（a）物　　（b）子午焦线位置的像　　（c）子午焦线与弧矢焦线之间位置的像　　（d）弧矢焦线位置的像

图 7-19　像散对成像的影响

7.1.5　畸变

1. 畸变的产生机制

不同视场的主光线与高斯像平面的交点高度 y'_z 不等于高斯像高 y'，其差别 $\delta y'_z$ 就是畸变，如图 7-20 所示，表达式为

$$\delta y'_z = y'_z - y' \tag{7-15}$$

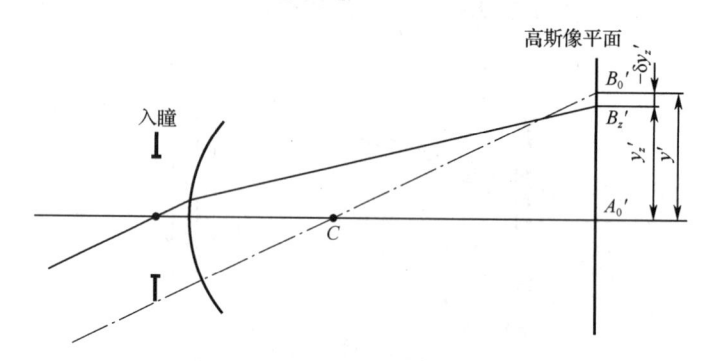

图 7-20　畸变

在实际使用中，常用相对畸变 q' 来表示畸变的大小：

$$q' = \frac{\delta y'_z}{y'} \times 100\% = \frac{\beta - \beta_0}{\beta_0} \times 100\% \tag{7-16}$$

式中，β 为某视场的实际垂轴放大率；β_0 为光学系统的理想垂轴放大率。通常当 $q' < 4\%$ 时，人眼感觉不出明显的像变形。在实际光学系统中，共轭面上不同高度的物体有不同的实际垂轴放大率，也就是说 β 不是常数。

畸变是视场（或物高）y 的函数，若展开成幂级数形式，则只有奇次项，如式（7-17）所示：

$$\delta y'_z = A_1 y^3 + A_2 y^5 + \cdots \tag{7-17}$$

由于 y 的一次项为高斯像高，所以畸变的展开式中没有 y 的一次项。

不同视场的实际垂轴放大率不同，畸变也不同。视场越大的系统，畸变越严重。图 7-21 所示为 100°广角镜头的结构、畸变图、畸变曲线，其最大相对畸变约为 40%。

(a) 结构　　　　　　　(b) 畸变图　　　　　　　(c) 畸变曲线

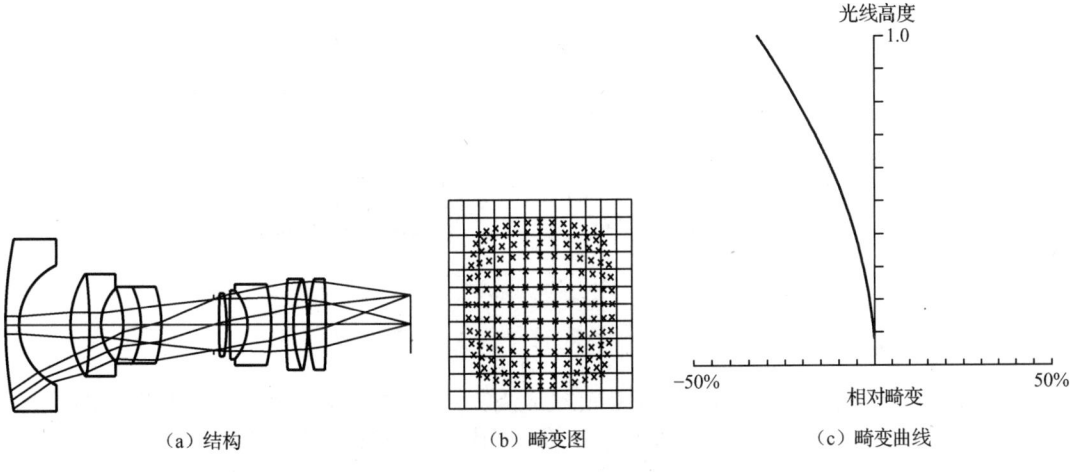

图 7-21　100°广角镜头的结构、畸变图、畸变曲线

畸变分为两种：正畸变（枕形/鞍形畸变）[见图 7-22（a）]和负畸变（桶形畸变）[见图 7-22（b）]。正畸变会导致实际像高大于高斯像高；负畸变会导致实际像高小于高斯像高。

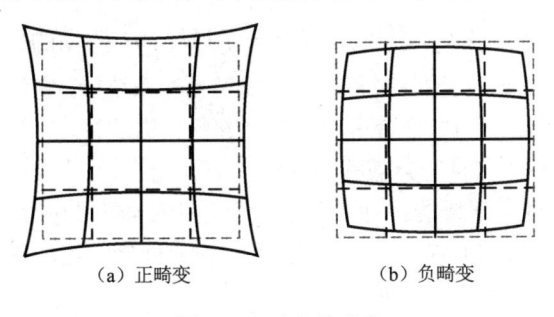

(a) 正畸变　　　　　　　(b) 负畸变

图 7-22　畸变的种类

畸变是主光线的像差，也是垂轴像差，它只改变轴外物点在高斯像平面的成像位置，进而导致像的形状失真，但不影响像的清晰度。这是畸变与其他几何像差的主要区别。

畸变受光阑位置影响，且对光阑位置变化十分敏感。对于单个薄透镜或薄透镜组，若孔径光阑与薄透镜重合，则主光线在通过系统节点时无畸变，如图 7-23 所示。

若光学系统为正透镜（组），孔径光阑位于透镜（组）之前，主光线通过透镜（组）后与高斯像平面的交点 B'_z 低于高斯像点 B'_0，产生负畸变，如图 7-24 所示。

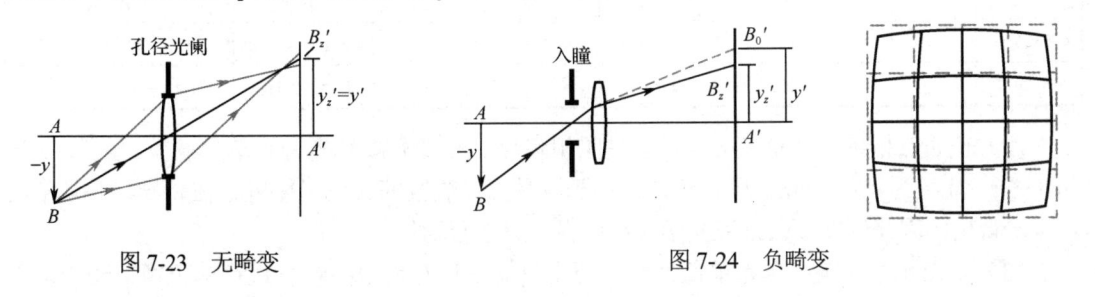

图 7-23　无畸变　　　　　　　图 7-24　负畸变

孔径光阑位于透镜（组）之后，主光线通过透镜（组）后与高斯像平面的交点 B'_z 高于高斯像点 B'_0，产生正畸变，如图 7-25 所示。

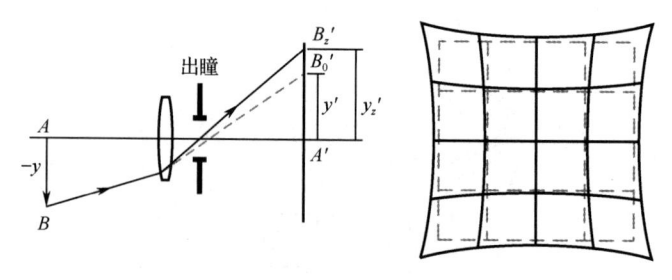

图 7-25　正畸变

2. 畸变的校正

对于单个薄透镜或薄透镜组而言，当孔径光阑与之重合时，不产生畸变，如图 7-23 所示。除此之外，$\beta=-1$ 的对称结构的光学系统（光阑位于系统中间），其前部系统和后部系统的畸变大小相等、符号相反，畸变可以得到校正。

7.2　色差

通过第 1 章可知，对于不同波长的光线，光学材料具有不同的折射率，即 $n=f(\lambda)$，称这种现象为材料的色散。同一孔径下的不同色光线经光学系统后，它们会与光轴形成不同的交点。在像平面任意位置，物点的像都会呈现为一个彩色的弥散斑，其原因是各种色光在成像位置和成像大小上存在差异，这种差异被称为色差。

在计算和校正像差时，谱线的选择主要取决于光能接收器的光谱特性。基本原则是：针对光能接收器最灵敏的谱线进行单色像差的校正；针对光能接收器所能接收的波段范围两端边缘附近的谱线进行色差的校正。举例如下：

（1）目视光学系统：一般选择波长与人眼最敏感波长（555 nm）最接近的 D 光（波长为 589.3 nm）或 e 光（波长为 546.1 nm）校正单色像差；对靠近人眼可见区两端的 F 光（波长为 486.1 nm）和 C 光（波长为 656.3 mm）校正色差。D 光、e 光、F 光、C 光的定义可参看如表 7-1 所示的夫琅禾费谱线的定义。

表 7-1　夫琅禾费谱线的定义

谱线符号	红外	A′	b	C	C′	D	d	e	F	g	G′	h	紫外
颜色		红				橙	黄		绿	青	蓝	紫	
波长/nm	>770.0	766.5	709.5	656.3	643.9	589.3	587.6	546.1	486.1	435.8	434.1	404.7	<400.0
对应元素		K	He	H	Cd	Na	He	Hg	H	Hg	H	Hg	

（2）普通照相系统：光能接收器就是照相底片，一般选择 F 光校正单色像差，选择 D 光和 G′光（波长为 434.1 nm）校正色差。由于各种照相乳胶的光谱灵敏度存在差异，并且常用目视法调焦，因此可以参照目视光学系统的做法来选择谱线。

（3）激光光学系统：激光单色性好，通常只需要针对使用的波长进行单色像差校正，不用进行色差校正。

7.2.1 位置色差

1. 位置色差的产生机制

轴上物点两种色光成像位置的差异称为位置色差，又称轴向色差。目视光学系统一般对 F 光和 C 光消色差，其位置色差用 $\Delta L'_{FC}$ 表示：

$$\Delta L'_{FC} = L'_F - L'_C \text{（远轴区）} \tag{7-18}$$

$$\Delta l'_{FC} = l'_F - l'_C \text{（近轴区）} \tag{7-19}$$

边缘带色差 $\Delta L'_{FC}$ 和近轴色差 $\Delta l'_{FC}$ 不相等，两者之差为色球差，该值也等于 F 光的球差 $\delta L'_F$ 和 C 光的球差 $\delta L'_C$ 之差。色球差属于高级像差，用 $\delta L'_{FC}$ 表示：

$$\delta L'_{FC} = \Delta L'_{FC} - \Delta l'_{FC} = \delta L'_F - \delta L'_C \tag{7-20}$$

不同孔径光线的位置色差不同，如图 7-26 所示，其中，$\Delta L'_{FC,1.0}$、$\Delta L'_{FC,0.5}$ 分别为边缘带和 0.5 带的位置色差。

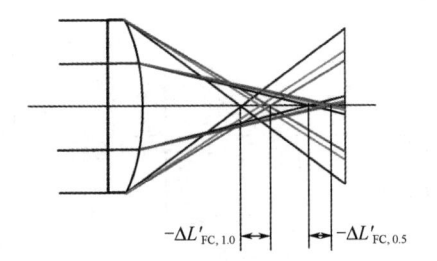

图 7-26 不同孔径光线的位置色差

位置色差 $\Delta L'_{FC}$ 可展开为孔径 h 的函数：

$$\Delta L'_{FC} = A_0 + A_1 h_1^2 + A_2 h_1^4 + \cdots \tag{7-21}$$

式中，A_0 是初级位置色差，即近轴光位置色差 $\Delta l'_{FC}$；后面项是色球差，色球差属于高级像差。

位置色差仅与孔径有关，其符号不随入射高度符号的改变而改变，故其级数展开式仅与孔径的偶次方有关；当孔径 h（或孔径角 u）为零时，色差不为零，故展开式中有常数项。

2. 位置色差对成像的影响

同一孔径、不同波长的光线经光学系统后与光轴的交点不同。在任何像平面上，物点的像是一个彩色的弥散斑。图 7-27 所示为位置色差对成像的影响，该图给出了射入 F、C、D 三色光时，轴上物点在像方不同位置得到的彩色弥散斑，其中位置 C 处为 D 光高斯像平面。

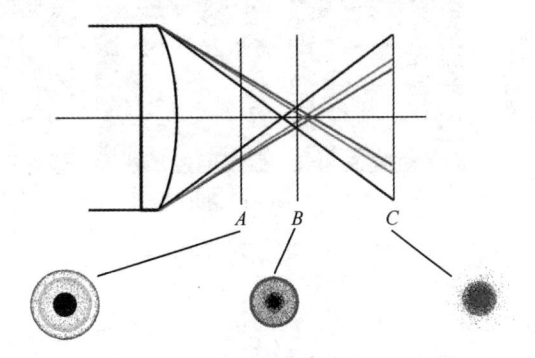

图 7-27 位置色差对成像的影响

3. 位置色差的校正

单个透镜不能校正色差，单个正透镜具有负色差，单个负透镜具有正色差。可以采用正透镜、负透镜组合的方法校正位置色差。

7.2.2 倍率色差

1. 倍率色差的概念

由于材料具有色散特性，因此不同色光的折射率不同。轴外物点发出的不同色光的垂轴放大率不相等，这种差异被称为倍率色差或垂轴色差，如图 7-28 所示。倍率色差的定义为轴外物点发出的两种色光的主光线在消单色像差的高斯像平面上的交点高度差。对于目视光学系统，倍率色差表示为

$$\Delta Y'_{FC} = Y'_F - Y'_C \text{（远轴区）} \tag{7-22}$$

$$\Delta y'_{FC} = y'_F - y'_C \text{（近轴区）} \tag{7-23}$$

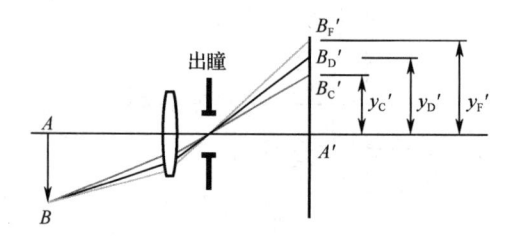

图 7-28 倍率色差

倍率色差是轴外像差，主要受视场影响，其级数展开式形式与畸变形式类似：

$$\delta y'_{FC} = A_1 y + A_2 y^2 + A_3 y^5 + \cdots \tag{7-24}$$

式中，第一项为初级倍率色差（近轴光倍率色差）；第二项为二级倍率色差。通常光学系统只需要考虑前两项。

不同色光的高斯像高不同，展开式中含有物高的一次项。

2. 倍率色差对成像的影响

由于存在倍率色差，因此轴外物点各种色光的像点不重合，物体的像会出现彩色边缘。倍率色差对成像的影响如图 7-29 所示，在像方不同位置，像显示不同的彩色边缘。倍率色差会破坏轴外点像的清晰度，进而导致模糊的像。

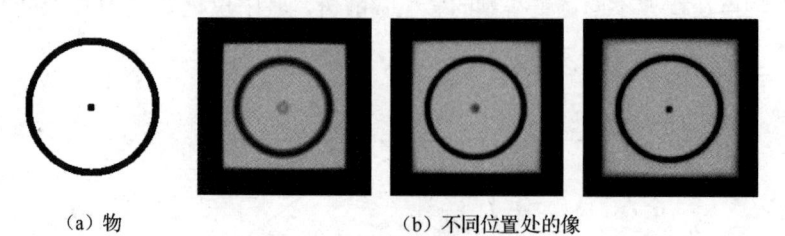

（a）物　　　　　　（b）不同位置处的像

图 7-29 倍率色差对成像的影响

3. 倍率色差的校正

可以通过合理设置光阑位置来减小倍率色差。对于单个球面而言，当光阑在球面的球心

时，该球面不会产生倍率色差。当物体位于球面的顶点时，不会产生倍率色差。对于薄透镜或薄透镜组而言，若将光阑设置在透镜上，则该薄透镜组不产生倍率色差。对于密接薄透镜组而言，若系统已校正色差，倍率色差也将得到校正。但是，若系统由具有一定间隔的两个或多个薄透镜组成，则只有对各个薄透镜组分别校正了位置色差，才能同时校正系统的倍率色差。

倍率色差是轴外像差，可以采用对称结构的光学系统进行校正。当 $\beta = -1$ 时，倍率色差自动校正。

习题

7.1 无限远处的物 AB 发出的单色光线经光学系统后出射的光线如图 7-30 所示，请在图 7-30 中标注出 5 种像差的符号，并阐述其产生原因、像差现象、对成像的影响及基本校正方法。

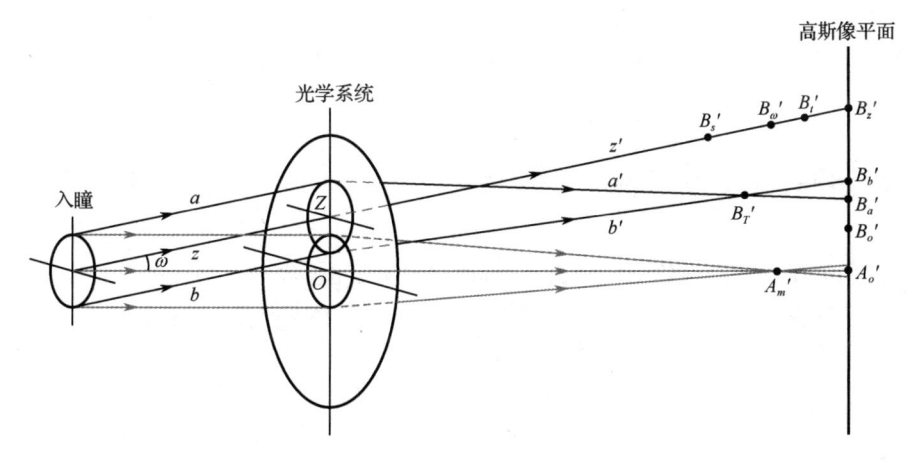

图 7-30 题 7.1 图

7.2 光学复色像差有哪几种？画图并说明其形成原因、像差现象、对成像的影响，以及基本校正方法。

7.3 7 种几何像差中，哪种几何像差与孔径有关？哪种几何像差与视场有关？哪种几何像差会形成圆形弥散斑？哪种几何像差不影响成像清晰度？哪种几何像差是轴上像差？哪种几何像差是轴外像差？

7.4 有一个显微镜，在采用白光照明时，物平面范围很小并且在光轴附近，请问该显微镜应该校正哪种像差？

7.5 有一个天文望远镜，其物方最大视场角为 2°，主镜面口径为 1 m，请问应该校正哪种像差？

7.6 有一个照相系统，其物方视场角为 40°，请问应该校正哪种像差？

7.7 阐述对称结构的光学系统校正轴外像差的原理。

7.8 光学材料的色散特性用什么参数衡量？为了校正色差需要选择怎样的材料？

7.9 细光束与宽光束在成像时分别需要考虑的主要像差是什么？

第 8 章 像 质 评 价

光学系统的成像质量主要受系统的几何像差和衍射效应的影响。光学设计的目的在于降低光学系统的像差，由于任何系统的像差都不可能降为零，因此需要用一些方法来判断光学系统的成像效果。像质评价方法主要有点列图、包围圆能量、瑞利判据、波前图、中心点亮度、点扩散函数、分辨率法、星点法，以及光学传递函数等。这些方法的优点、缺点和适用范围各不相同，只有综合使用多种评价方法才能客观、全面地反映光学系统的成像质量。

在设计阶段和产品检测阶段都要对光学系统进行像质评价。前者是指在设计过程中，通过进行大量光线追迹和衍射分析，对系统成像情况进行模拟分析；后者是指在样品加工装配后，在投入大批量生产前，通过实验检测实际成像效果。下面按照这两个阶段对这些像质评价方法进行归类并加以介绍。光学传递函数在设计阶段和产品检测阶段都能使用，将在 8.3 节单独对其进行介绍。

8.1 设计阶段

基于几何光学的像质评价方法包括点列图、包围圆能量等，一般应用于大像差光学系统；基于物理光学的像质评价方法包括瑞利判据、波前图、中心点亮度、点扩散函数、调制传递函数等，一般应用于小像差光学系统。

8.1.1 点列图

由某个物点发出的许多光线经光学系统后，因为存在像差，其出射光线与像平面的交点不集中于同一点，从而形成了一个散布在一定范围内的弥散图形，该图形称为点列图。点列图由几何光线的交点构成（可通过进行光线追迹算出），忽略了衍射效应，近似代表了物点光束经传输后形成的像点能量分布。光学系统的成像质量分析通常以主光线与像平面的交点为原点，利用点列图进行量化计算，以评估光线的弥散情况。

在用点列图进行像质评价时，需要进行大量光线追迹，其中光线的集中度反映了成像的清晰度。在点列图中，由集中了 60% 以上光线的点构成的图形区域被视为实际有效弥散斑，该弥散斑直径的倒数为系统的分辨率。点列图的形状可以反映几何像差的特征。图 8-1 所示为球差点列图。

图 8-1 球差点列图

8.1.2 包围圆能量

以像平面上主光线或中心光线的像点为中心，以距中心的距离为半径作圆，此圆内的能量与总能量的比值为包围圆能量。

通常参照衍射极限条件下形成的艾里斑的包围圆能量来衡量成像质量。实际光学系统的包围圆能量曲线越接近衍射极限，说明光学系统的像差越小，成像质量越好。此方法也适用于小像差光学系统。准对称双高斯物镜及其包围圆能量如图 8-2 所示。

（a）准对称双高斯物镜　　　　　　　　　　　（b）包围圆能量

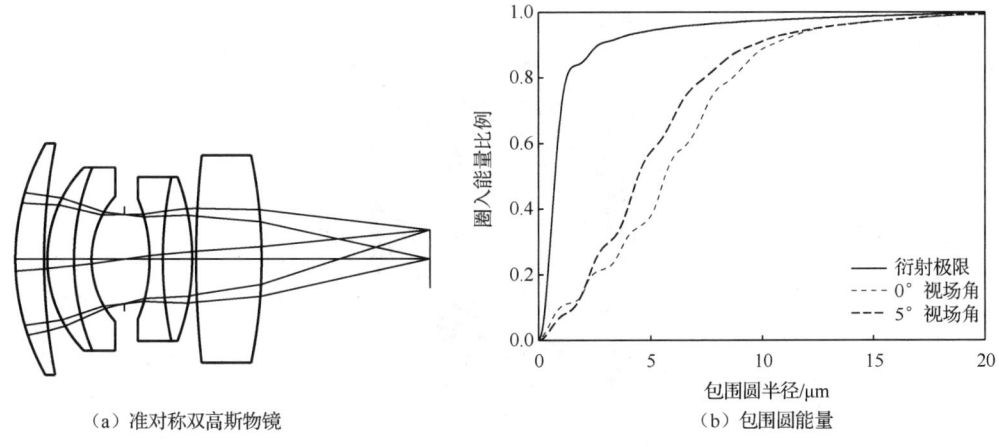

图 8-2　准对称双高斯物镜及其包围圆能量

8.1.3　瑞利判据、波前图

瑞利判据根据实际成像波面相对于理想球面波的偏离程度来判断光学系统的成像质量。瑞利认为，当实际波面与理想球面波之间的最大波像差不超过 1/4 波长时，光学系统的成像质量是良好的。瑞利判据适用于小像差光学系统，如望远镜物镜、显微镜物镜等对成像质量要求较高的系统。瑞利判据的缺点是只考虑了波像差的最大允许公差，没有考虑缺陷部分在整个波面面积中的比重。

根据实际光线与理想光线之间的光程差，绘制实际出射波面相对于理想波面的偏离量，称之为波前图。图 8-3 所示为单透镜和双胶合透镜的光程差和波前图。由图 8-3 可知，双胶合透镜的波像差得到了有效降低。

（a）单透镜的光程差和波前图　　　　　　　　（b）双胶合透镜的光程差和波前图

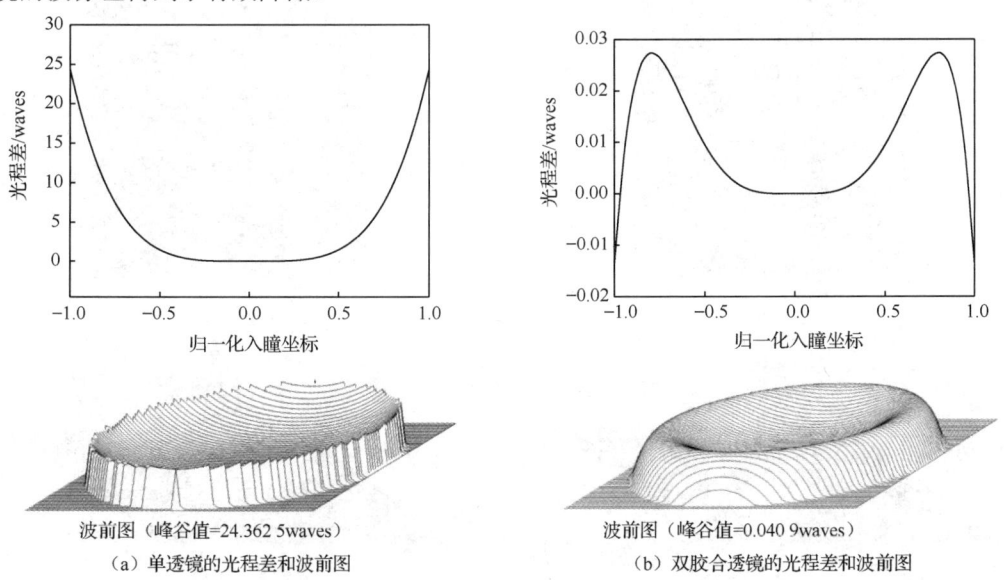

图 8-3　单透镜和双胶合透镜的光程差和波前图

8.1.4 中心点亮度

当光学系统存在像差时，衍射图样中心亮斑（艾里斑）亮度比理想成像时中心点亮度［见图 8-4］有所下降。二者的比值称为斯特列尔强度比（Strehl Ratio），用 S.D. 表示。当 S.D. ≥ 0.8 时，认为光学系统的成像质量是完善的，这就是斯特列尔准则。

图 8-4 中心点亮度

瑞利判据和斯特列尔准则是从不同角度提出来的像质评价方法。研究表明，对于一些常见的像差形式，当最大波像差为 1/4 波长时，其 S.D. 约等于 0.8，这说明这两种像质评价方法是一致的。中心点亮度方法的优点是比较严格可靠，缺点是计算复杂、不便于实际应用。

8.1.5 点扩散函数

对于光学系统来讲，当物为点光源时，其像的光场分布可以用点扩散函数来表示。在数学上，点光源可以用 δ 函数（点脉冲）表示，输出像的光场分布叫作脉冲响应，所以点扩散函数就是光学系统的脉冲响应函数，可以反映能量的集中或分散程度，进而可以判断光学系统的成像质量。事实上，点扩散函数又可派生出中心点亮度、能量集中度、分辨率、变对比分辨率等指标。图 8-5 所示为对轴上物点校正球差的双胶合透镜的点扩散函数，其中图 8-5（a）所示为 0°视场，图 8-5（b）所示为 1°视场。

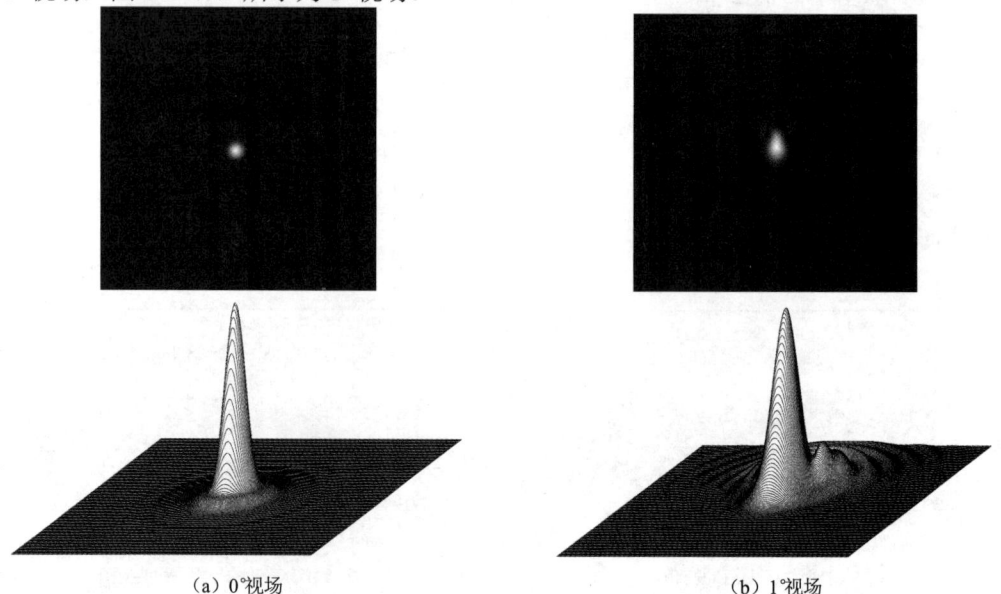

(a) 0°视场　　　　　　　　　　(b) 1°视场

图 8-5 对轴上物点校正球差的双胶合透镜的点扩散函数

8.2 产品检测阶段

产品检测阶段主要使用的像质评价方法有分辨率法和星点法。

8.2.1 分辨率法

瑞利认为，光学系统能分辨的两个亮点间的距离为艾里斑的半径，即当一个亮点的衍射图案的中心与另一个亮点的衍射图案的第一个暗环重合时，这两个亮点刚好能被分辨。两个衍射像间能分辨的最小间隔就是理想光学系统的像方分辨率，对应两个物点的最小间隔为物方分辨率。因为实际光学系统存在像差等，所以其分辨率必然下降。分辨率反映的是光学系统分辨物体细节的能力，它是光学系统的重要性能，因此可以用分辨率作为光学系统成像质量的评价指标。在实际检测中，可用分辨率标准测试板来检测分辨率。图 8-6 所示为 ISO 12233 测试标板，该测试标板专门用于检测数码相机的镜头分辨率，其中有不同的线条宽度和线形，可以较好地反映光学系统的成像情况。

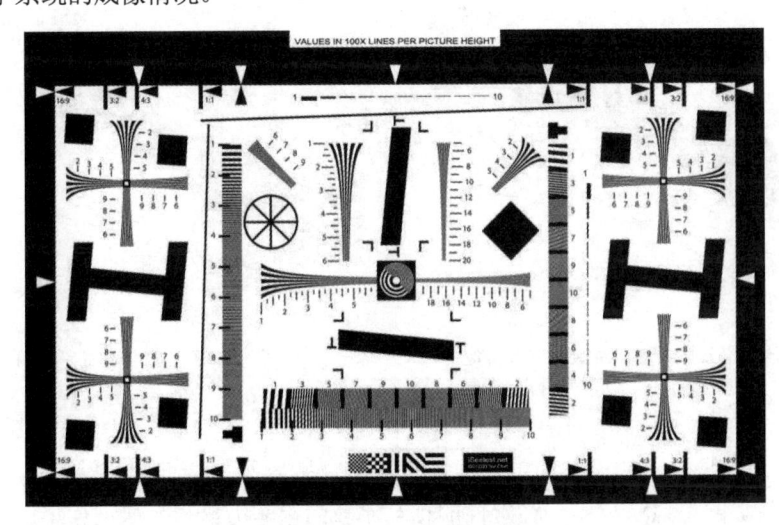

图 8-6 ISO 12233 测试标板

分辨率法适用于大像差光学系统，因为大像差光学系统的分辨率受像差的影响较大，而小像差光学系统的分辨率受相对孔径及衍射的影响较大，受像差的影响很小。检测的分辨率与背景亮度、照明条件、接收器等有关，主观性强，不同的人检测同一个光学系统，可能会得到不同的分辨率等级，因此分辨率法不是严格的像质评价方法。但是分辨率法由于具有指标简单、便于测量的优点，在光学系统的成像质量检测中得到广泛应用。

8.2.2 星点法

星点法通过观察点光源（星点）经过物镜所成像斑的不同形状来评价光学系统的成像质量。在检验时，使被检验的光学系统对无限远星点成像。星点法检验装置示意图如图 8-7 所示。产生无限远星点的方法是在平行光管物镜的焦平面上放置一个星孔板，光源通过聚光镜成像在星孔板上，使星孔得到照明。星孔经平行光管物镜成像于无穷远处，通过被检验的光学系统以后，用观察显微镜观察所成像，并据此评定光学系统的成像质量。

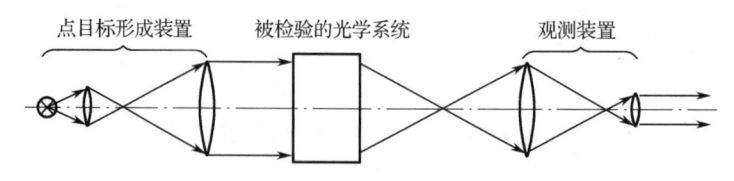

图 8-7 星点法检验装置示意图

在像差校正良好时,在被检验光学系统的像方焦平面上中心的圆斑最亮,外面围绕着一系列亮度迅速减弱的同心圆环。在焦平面前后对称的截面上,衍射图形完全相同,如图 8-8(a)所示。在存在像差时,光学系统的像差或缺陷会引起光瞳函数变化,从而使对应的星点像产生变形或光能分布发生改变。被检验光学系统的缺陷不同,星点像的变化情况也不同。故将实际星点衍射像与理想星点衍射像进行比较,可以反映出被检验光学系统的缺陷并据此评价成像质量。图 8-8(b)显示了当球差校正不足时,焦平面上的星点衍射像中心圆斑亮度减弱,焦平面前后对称位置的星点像图形不同。

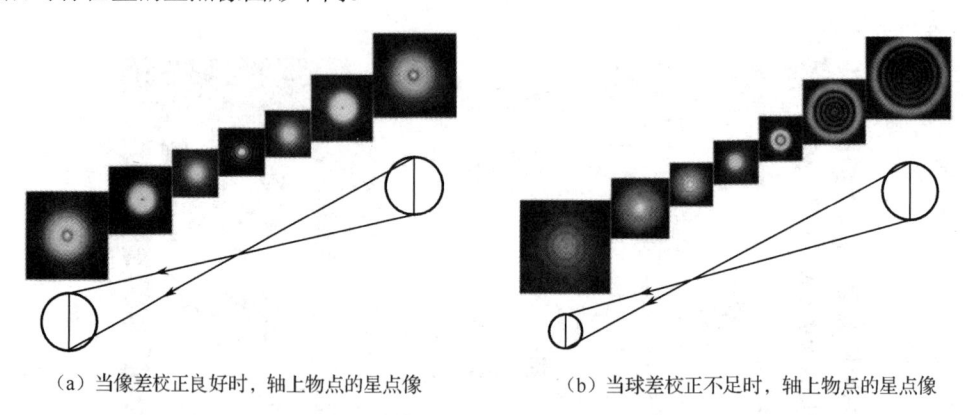

(a) 当像差校正良好时,轴上物点的星点像　　　　(b) 当球差校正不足时,轴上物点的星点像

图 8-8 星点衍射像

星点法的优点是使用的设备简单、现象直观、灵敏度高,因此星点法在工厂的生产测试中得到广泛应用。但星点法只是一种定性的相互比较的检验方法,无法进行定量检验。而且星点法属于主观检验,不同检验者对同一星点可能有不同评价。

8.3　光学传递函数

前面介绍的方法都是把物平面看作发光点的集合,并以一点成像的能量集中度来表征光学系统成像质量的方法。光学传递函数则把光学系统视为线性不变系统,把物体看作是由各种频率的谱组成的。光学传递函数反映了光学系统对物体不同频率成分的传递能力,高频成分反映物体的细节,中频成分反映物体的层次,低频成分反映物体的亮度和轮廓。

8.3.1　非相干光学系统:低通线性滤波器

数学上,物的亮度分布函数可以展开为傅里叶级数(对周期性物函数而言)或傅里叶积分(对非周期性物函数而言),每一级数就是一个正弦频率分量。因此光学系统的特性就表现为对各种频率的正弦信号的传递和反应能力。一个非相干光学系统所成像的强度是线性的,满足叠加原理,即输入一个正弦信号,输出仍然是一个同频率的正弦信号,只是幅度有所降低、相位有所移动，如图 8-9 所示。因此非相干光学系统相当于一个低通线性滤波器。

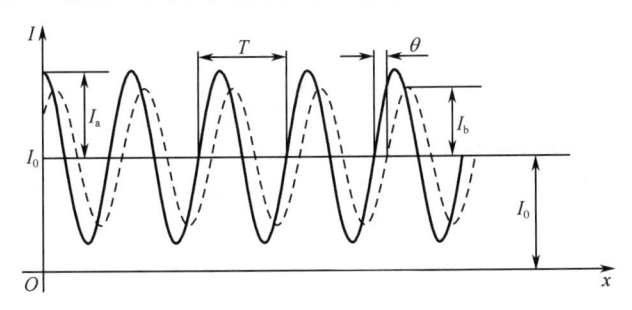

图 8-9　非相干光学系统正弦信号的传递过程

8.3.2　调制度

正弦信号如图 8-10 所示。正弦信号可以看作是由一个均匀的直流分量 I_0（直流分量）加上振幅为 I_a 的正弦信号形成的。对于空间频率为 ν 的正弦信号而言[一般用每毫米线对数（lp/mm）表示]，其数学表达式可写为

$$I(x) = I_0 + I_a \cos(2\pi\nu x) = I_0 \left[1 + \frac{I_a}{I_0}\cos(2\pi\nu x)\right] \tag{8-1}$$

图 8-10　正弦信号

当正弦信号通过光学系统时，考虑衍射和像差的影响，其幅度将发生变化。正弦信号的幅度变化可以用调制度（也称反衬度/对比度）来衡量。调制度常用 M 表示，定义式为

$$M = \frac{I_{\max} - I_{\min}}{I_{\max} + I_{\min}} \tag{8-2}$$

对于图 8-10 而言，$I_{\max} = I_0 + I_a$，$I_{\min} = I_0 - I_a$，故其调制度为

$$M = \frac{I_a}{I_0} \in [0,1] \tag{8-3}$$

对于图 8-11 而言，$I_{\max} = I_0 + I_a'$，$I_{\min} = I_0 - I_a'$，故其调制度为

$$M' = \frac{I_a'}{I_0} \tag{8-4}$$

图 8-11　调制度变化

由于 I'_a 小于 I_a，所以 $M < M'$，也就是说经过光学系统成像后，频率分量信号对比度会降低。二者的比值为

$$T(\nu) = \frac{M'(\nu)}{M(\nu)} \in [0,1] \tag{8-5}$$

上式为调制传递函数（Modulation Transfer Function，MTF）。

将所有正弦频率分量对应的调制度列出所形成的曲线就是 MTF 曲线。图 8-12 所示为 10× 显微镜物镜的结构和 MTF 曲线。

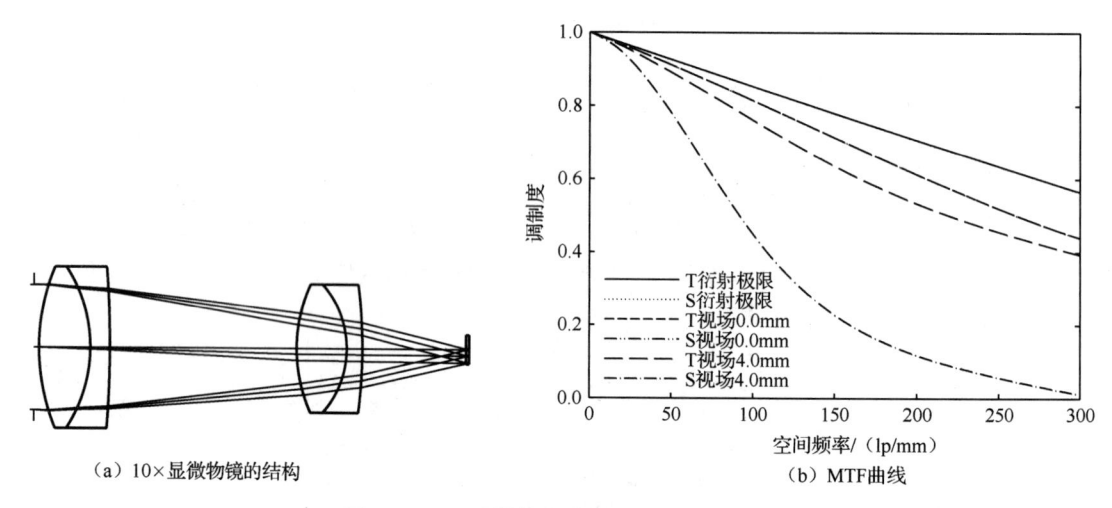

图 8-12　10×显微镜物镜的结构和 MTF 曲线

相似地，不同空间频率的正弦信号实际成像的线条位置不在理想成像的线条位置上，在空间上会移动一段距离，造成波函数发生相位偏离，如图 8-13 所示。不同频率的相位偏离形成的曲线称为相位传递函数（Phase Transfer Function，PTF），用 $\theta(\nu)$ 表示。相位传递函数一般不影响像的清晰度，实际中关注更多的是 MTF。

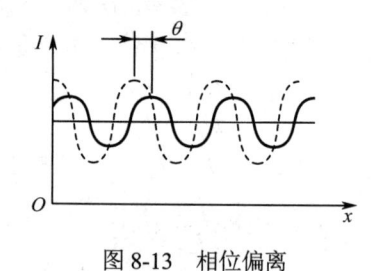

图 8-13　相位偏离

8.3.3　用 MTF 曲线评价光学系统成像质量

当正弦信号对比度低到一定程度，以致分辨不出亮度变化时，对应的调制度称为可察觉对比度，又称察觉阈。可察觉对比度对应的频率就是光学系统的分辨率，如图 8-14（a）所示。值得指出的是，通常实际光学系统接收器的可察觉对比度对于各个频率信号而言不是常数，如图 8-14（b）所示，此时分辨率可能变小。

第8章 像质评价

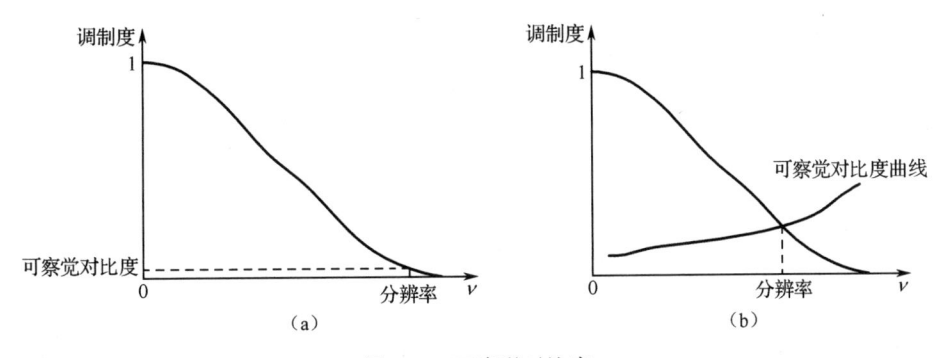

图 8-14 可察觉对比度

不同光学系统的 MTF 曲线可能不一样。如图 8-15（a）所示，可以判断系统 I 和系统 II 的分辨率相同，但显然系统 I 优于系统 II。如图 8-15（b）所示，系统 II 的分辨率高于系统 I 的分辨率，对低频景物来说，系统 I 的成像质量比系统 II 好。

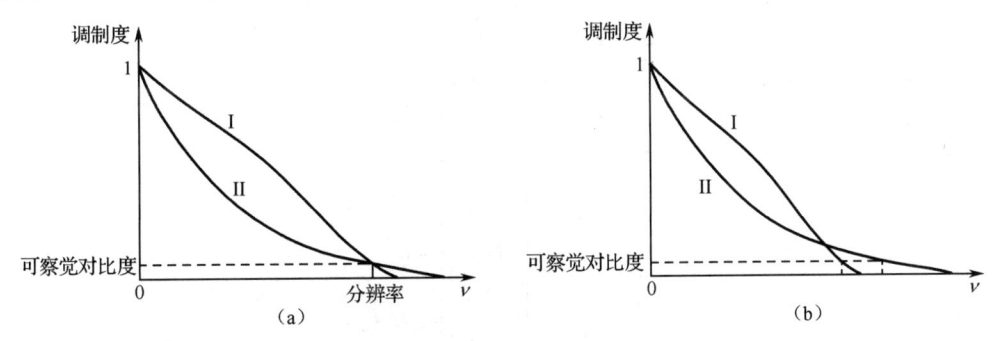

图 8-15 不同光学系统的 MTF 曲线

综上所述，用 MTF 曲线来评价光学系统的成像质量基于把物体看作是由各种频率信号组成的，因此，MTF 曲线反映了光学系统的频率特性，既与光学系统的像差有关，又与光学系统的衍射效果有关。用 MTF 曲线来评价光学系统的成像质量具有客观和可靠的优点，而且既能应用于小像差光学系统，又能应用于大像差光学系统。但 MTF 曲线不能反映光学系统的畸变，因为畸变并不影响对比度。

习题

8.1 列出基于几何光学理论的像质评价方法，并阐述其优缺点。

8.2 列出基于衍射理论的像质评价方法，并阐述其优缺点。

8.3 在设计照相机物镜时，可以采用哪些方法进行像质评价？

8.4 查资料，阐述采用刀口法测透镜的球差及色差的原理。

8.5 一个三片式物镜的 0°视场及 5°视场的光程差图如图 8-16 所示，请分析该光学系统的主要像差及对成像质量的影响。

8.6 MTF 的物理意义是什么？和其他评价光学系统成像质量的方法相比，MTF 有什么优点？

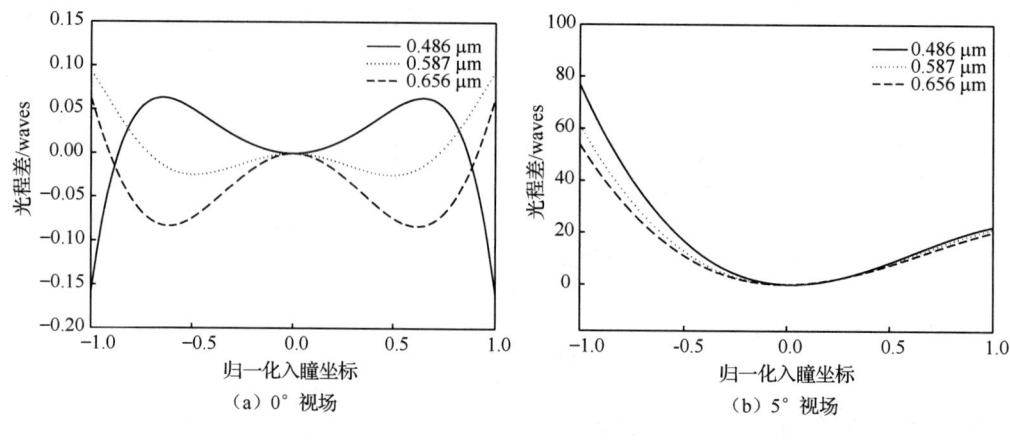

图 8-16 题 8.5 图

8.7 图 8-17 所示为两个光学系统在不同视场下的 MTF 曲线。如果将 MTF≥0.2 视为成像清晰，则两个光学系统能清晰成像的空间分辨率为多少？比较这两个光学系统的成像质量。

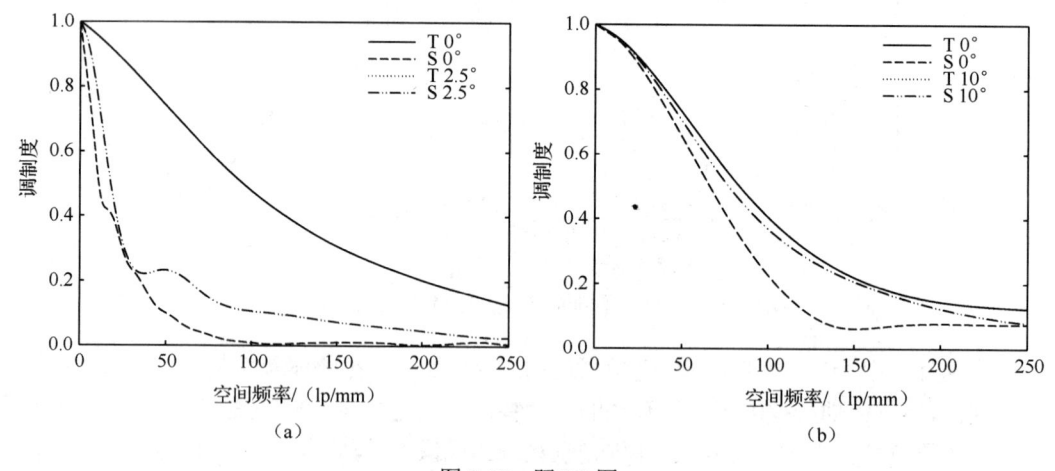

图 8-17 题 8.7 图

8.8 什么叫作理想光学系统的分辨率？它具有什么实际意义？理想光学系统的分辨率是如何确定的？试说明望远镜物镜、照相物镜、显微镜物镜的分辨率的表示方法。

第 9 章 典型光学系统

本章介绍几种典型的光学系统，包括照相机和目视光学系统。目视光学仪器是为了克服人眼分辨率不足而开发的仪器，因此目视光学系统部分中先介绍眼睛，然后依次介绍放大镜、显微镜和望远镜。

9.1 照相机

9.1.1 照相机结构和原理

照相机结构类似于小孔成像结构，用镜头代替小孔就形成了照相机，如图 9-1 所示。来自物体的光线经过照相机物镜后，在底片（胶片）上汇聚成被摄物体的像。底片上涂有一层对光敏感的物质，它在曝光后发生化学变化，进而将物体的像记录在底片上。数码相机用电子感光器件与存储器件替代底片作为成像的光屏并记录像的信息。像的位置和大小可以用高斯公式求得。

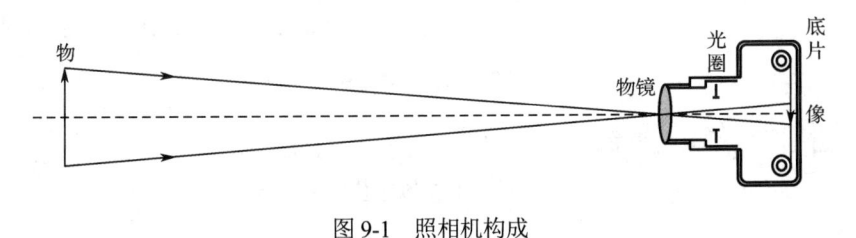

图 9-1 照相机构成

9.1.2 照相机的光阑

由第 6 章可知，照相机物镜旁的光圈就是其孔径光阑，底片框就是其视场光阑。

9.1.3 照相机景深

1. 景深的概念

图 9-2 所示为景深示意图。只有与像平面共轭的平面上的物点能真正成像于像平面上，非共轭平面上的物点在此像平面上得到相应光束的截面（非点）。在观测或拍摄场景下，像平面被称为景像平面，与之共轭的物平面被称为对准平面。

除对准平面外，其他物平面上的物点也能在景像平面上形成光斑，如图 9-2 中的 B_1 点和 B_2 点。如果它们在景像平面上的光斑足够小（对眼睛形成的张角小于眼睛的最小分辨角 $1'$），将无法察觉图像不清晰，即一定空间范围内的物点在景像平面上可以成清晰像。能在景像平面上获得清晰像的物方空间深度范围称为景深。

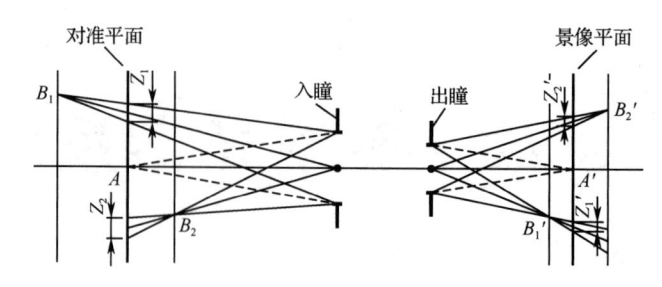

图 9-2 景深示意图

2. 景深的计算

如图 9-3 所示,对准平面之外的空间像点 B_1 和 B_2 对应的成像光束在景像平面上形成光斑。

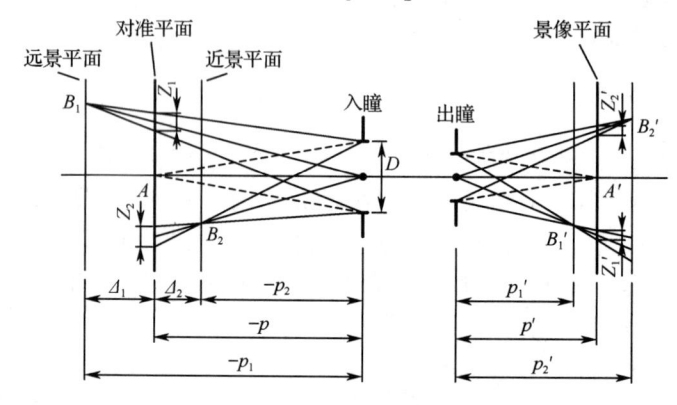

图 9-3 景深的计算

对准平面上的物方光斑直径为

$$\frac{Z_1}{D} = \frac{p_1 - p}{p_1} \tag{9-1}$$

$$\frac{Z_2}{D} = \frac{p - p_2}{p_2} \tag{9-2}$$

对准平面上的物方光斑直径乘以放大率,得到景像平面的光斑直径为

$$Z_1' = |\beta|Z_1 = |\beta|D\frac{p_1 - p}{p_1} \tag{9-3}$$

$$Z_2' = |\beta|Z_2 = |\beta|D\frac{p - p_2}{p_2} \tag{9-4}$$

由式(9-3)和式(9-4)可知,光斑的直径与入瞳直径 D 有关,与距离 p、p_1、p_2 有关;光斑的直径允许值取决于光学系统的用途。任何接收器都具有一定的分辨能力,像平面上的像点并不要求必须是几何点。当像平面上弥散斑的直径 Z' 不超过接收器的分辨能力时,可将光斑看作清晰像,即光学系统可对一定空间深度范围内的物体成清晰像。对目视光学系统而言,光斑对人眼形成的张角应小于人眼极限分辨角 ε (约为 $1'$)。

在图 9-3 中,能成清晰像的最远物平面称为远景平面,远景平面到对准平面的距离称为远景深度,用 Δ_1 表示;能成清晰像的最近物平面称为近景平面,近景平面到对准平面的距离称为近景深度,用 Δ_2 表示。由定义可知,远景深度和近景深度之和就是景深(用 Δ 表示)。

对照相系统进行近似处理:

$$\beta = \frac{f'}{p} \tag{9-5}$$

$$|\beta| = -\frac{f'}{p} \tag{9-6}$$

将式（9-5）和式（9-6）分别代入式（9-3）和式（9-4），可以推得

$$p_1 = \frac{|\beta|Dp}{|\beta|D - Z_1'} = \frac{Dpf'}{Df' + pZ_1'} \tag{9-7}$$

$$p_2 = \frac{|\beta|Dp}{|\beta|D + Z_2'} = \frac{Dpf'}{Df' - pZ_2'} \tag{9-8}$$

当景像平面上的像清晰时，$Z' = Z_1' = Z_2'$，远景深度 Δ_1 > 近景深度 Δ_2，于是有

$$\Delta_1 = p - p_1 = \frac{p^2 Z'}{Df' + pZ'} \tag{9-9}$$

$$\Delta_2 = p_2 - p = \frac{p^2 Z'}{Df' - pZ'} \tag{9-10}$$

$$\Delta = \Delta_1 + \Delta_2 = \frac{2Dp^2 fZ'}{D^2 f'^2 - p^2 Z'^2} \tag{9-11}$$

景深 Δ 与入瞳直径 D、焦距 f' 及入瞳与对准平面的距离 p 有关，入瞳直径 D 越大，焦距 f' 越大，入瞳与对准平面的距离 p 越小，景深 Δ 越大。

由此可以得出，要拍摄小景深的照片，如特写镜头，应使焦距较长、相对孔径较大，也就是选择小光圈数，对准距离应较近；要拍摄大景深的照片，如远景镜头，应使焦距较短、相对孔径较小，也就是大光圈数，对准距离应较远。

若要求对准平面之后整个空间都能成清晰像，即 $\Delta_1 = \infty$，则由上面公式计算可得

$$p = -\frac{Df'}{Z'} \tag{9-12}$$

$$p_2 = -\frac{Df'}{2Z'} \tag{9-13}$$

当物镜调焦到 $p = -\frac{Df'}{Z'}$ 时，在入瞳前 $\left(-\infty, -\frac{Df'}{2Z'}\right)$ 空间内物体成清晰像。同理，当物镜调焦到无穷远（$p = -\infty$）时，$p_2 = -\frac{Df'}{Z'}$，在入瞳前 $\left(-\infty, -\frac{Df'}{Z'}\right)$ 空间内物体成清晰像。

9.2 眼睛

9.2.1 结构

眼睛的结构从外到内主要为瞳孔、晶状体、视网膜等，如图 9-4 所示。眼睛能够自动变焦、对焦及调节光通量，与照相机对应，瞳孔与光圈对应，晶状体与镜头对应，视网膜与底片对应。

但与照相机不同的是，眼睛的晶状体和后室折射率相近。由主点的概念可知，眼睛可简化为仅有一个折射球面和四个基点（两个焦点、一个主点、一个节点）的结构，简称简约眼，如图 9-5 所示。

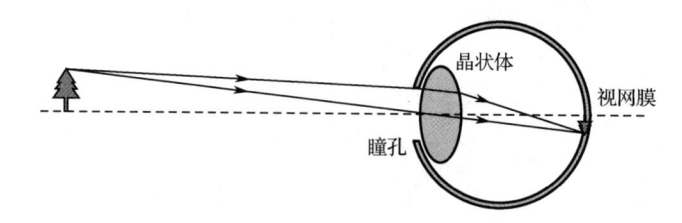

图 9-4 眼睛结构示意图

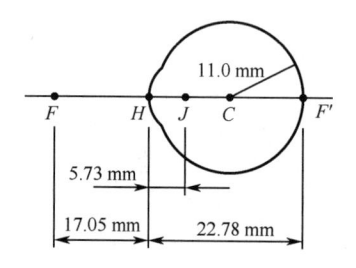

物方折射率 n	1
像方折射率 n'	1.336
曲率半径 r /mm	5.73
物方焦距 f /mm	−17.05
像方焦距 f' /mm	22.78

图 9-5 简约眼

9.2.2 眼睛的视度调节与校正

1. 视度

定义视度为与视网膜共轭的物平面到人眼距离的倒数，用 SD 表示：

$$\text{SD} = \frac{1}{l} \tag{9-14}$$

单位为屈光度（D，1D=1 m^{-1}）。

眼睛能看清的最远点称为远点，远点与人眼间的距离称为远点距离 l_r，远点距离的倒数称为远点视度，用 R 表示：

$$R = \frac{1}{l_r} \tag{9-15}$$

眼睛能看清的最近点称为近点，近点与人眼间的距离称为近点距离 l_p，近点距离的倒数称为近点视度，用 P 表示：

$$P = \frac{1}{l_p} \tag{9-16}$$

正常人眼在正常照明（50 lx）情况下最舒适的工作距离为明视距离，是 250 mm。

2. 视度调节范围

当晶状体的曲率半径发生改变时，眼睛的焦距会在一定范围内变化。眼睛为看清不同距离物体而自动调焦的过程称为调节。远点距离的倒数与近点距离的倒数的差（远点视度与近点视度之差）称为调节范围（或调节能力），用 A 表示：

$$A = \frac{1}{l_r} - \frac{1}{l_p} = R - P \tag{9-17}$$

随着年龄的增大，人眼的调节范围逐渐变小，如表 9-1 所示。10 岁时人眼的远点距离开始变为无穷，调节范围为 14 D；60 岁时人眼的远点距离变为 2 000 mm（只有汇聚点在眼睛后

2 000 mm 处的光束能成清晰像点），调节范围变为 1 D；80 岁时人眼的远点距离和近点距离基本一样，调节范围变为 0。

表 9-1　不同年龄的人眼调节范围

年龄/岁	10	20	30	40	50	60	70	80
l_p/mm	−70	−100	−140	−220	−400	−2 000	1 000	400
l_r/mm	−∞	−∞	−∞	−∞	−∞	2 000	800	400
A/D	14	10	7	4.5	2.5	1	0.25	0

3．眼睛的校正

正常的眼睛在完全放松时，远点位于无限远（$l_r = -\infty$，$R = 0$），像方焦点 F' 在视网膜上；由于非正常眼睛的远点视度不为 0，因此像方焦点 F' 不在视网膜上，分为近视、远视等。

近视眼的校正如图 9-6 所示。近视眼的眼球偏长，眼睛的像方焦点 F' 在视网膜前方，远点在眼前有限远处，如图 9-6（b）所示。校正近视眼相当于把正常眼的无穷远物点成像在近视眼的远点处，从光线的角度来说应该将光线发散，因此需要采用负透镜进行校正。依据高斯公式有

$$\frac{1}{-l_r} - \frac{1}{-\infty} = \frac{1}{f'} \tag{9-18}$$

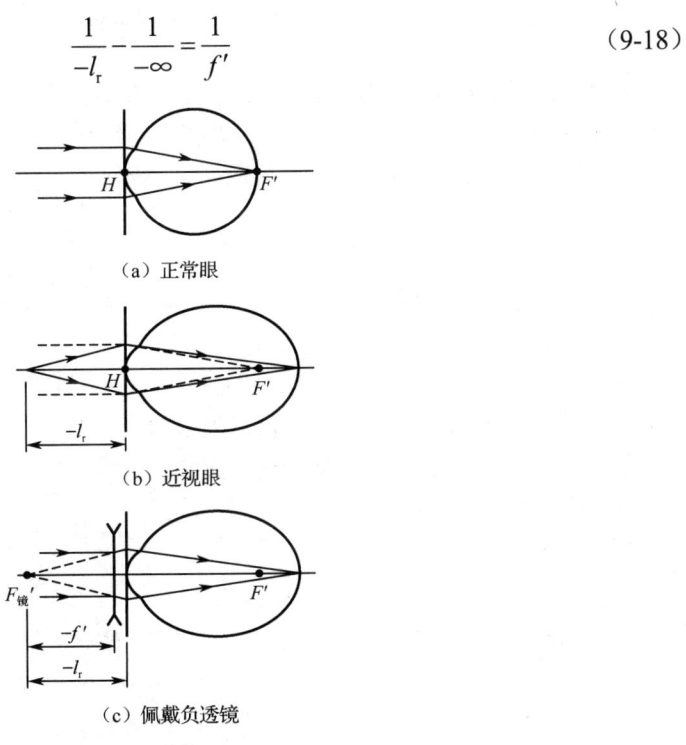

（a）正常眼

（b）近视眼

（c）佩戴负透镜

图 9-6　近视眼的校正

远视眼的校正如图 9-7 所示。远视眼的眼球偏短，眼睛的像方焦点 F' 在视网膜后方，远点在眼后有限远处。校正远视眼相当于把正常眼的无穷远物点成像在远视眼的远点，从光线的角度来说应该将光线汇聚，因此需要采用正透镜进行校正。依据高斯公式有

$$\frac{1}{l_r} - \frac{1}{-\infty} = \frac{1}{f'} \tag{9-19}$$

(a) 正常眼

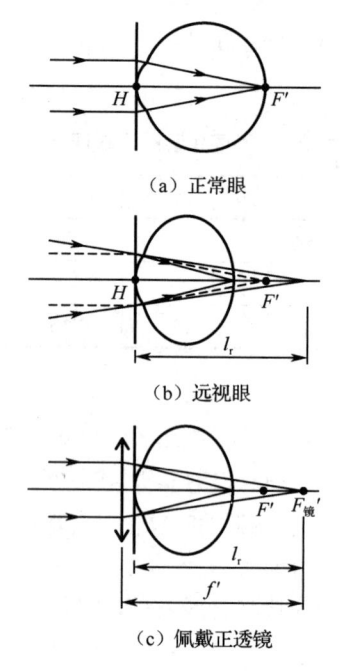

(b) 远视眼

(c) 佩戴正透镜

图 9-7 远视眼的校正

此外，由表 9-1 可知，对于老年人来说，不仅远点距离不为无穷，近点距离也不为正常眼的明视距离，因此会出现老花眼。对于老花眼的校正，相当于用透镜把正常眼的明视距离从 250 mm 校正到老花眼的近点距离。依据高斯公式有

$$\frac{1}{l_p} - \frac{1}{-250} = \frac{1}{f'} \qquad (9\text{-}20)$$

例 9.1 一个人的近视程度是 −2 D，眼睛的调节范围是 8 D。

① 求远点距离。
② 求近点距离。
③ 若佩戴 100 D 的近视镜，求该近视镜的焦距。
④ 求戴上该近视镜后能看清的远点距离。
⑤ 求戴上该近视镜后能看清的近点距离。

解：

① 远点距离：

$$R_1 = -2 \text{ D}$$

则有

$$l_{r1} = \frac{1}{R_1} = -0.5 \text{ (m)}$$

② 近点距离：

$$P_1 = R_1 - A = -2 - 8 = -10 \text{ D}$$

由此可得

$$l_{p1} = \frac{1}{P_1} = -0.1 \text{ (m)}$$

③ 100 D 近视镜的焦距：
$$f' = \frac{1}{-1} = -1\,(\text{m})$$

④ 戴上该近视镜后能看清的远点距离：
$$\frac{1}{l_{r1}} - \frac{1}{l_{r2}} = \frac{1}{f'}$$
$$l_{r1} = -0.5\,(\text{m})$$
$$f' = -1\,(\text{m})$$

由此可得
$$l_{r2} = -1\,(\text{m})$$

⑤ 戴上该近视镜后能看清的近点距离：
$$P_2 = R_2 - A = -9\,\text{D}$$

由此可得
$$l_{p2} = \frac{1}{P_2} \approx -0.11\,(\text{m})$$

4．眼睛的分辨率

眼睛的分辨能力是指眼睛能够分辨出最靠近的两个相邻点的能力。两个物点形成的像点在视网膜上的间距至少要等于两个神经细胞的直径才能被分辨，约为 0.006 mm，如图 9-8 所示。与此对应的两个物点对人眼形成的张角为极限分辨角，其值为

$$\varepsilon = \omega_{\min} = \frac{0.006}{f'} \times 206\,265'' \tag{9-21}$$

式中，206 265″ 为弧度转换为角度的转换单位。

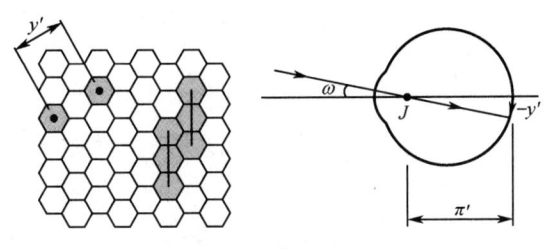

图 9-8 人眼的分辨率

人眼在放松状态（$f' = 23\,\text{mm}$）下有
$$\varepsilon = 1' = 60'' \tag{9-22}$$

值得说明的是，就上述极限分辨率针对的物点而言，若观察两条平行直线或直线对准时，极限分辨角 ε 可以达到 10″。在明视距离（250 mm）处，人眼极限分辨的物点间距为
$$250\,\text{mm} \times \varepsilon = 0.072\,5\,\text{mm} = 72.5\,\mu\text{m} \tag{9-23}$$

9.3 目视光学仪器

从上面的计算可以看出，人眼的分辨率是有限的，因此需要借助光学仪器来提高人眼视觉能力（扩大视角），称这类光学仪器为目视光学仪器，如放大镜、显微镜、望远镜等。

在设计目视光学仪器时，一般有如下两个基本要求。

（1）在用目视光学仪器观察物体时，仪器所成的像对人眼形成的张角 ω' 应大于人眼直接观察时物体对人眼形成的张角 ω（见图9-9），即

$$\omega' > \omega \tag{9-24}$$

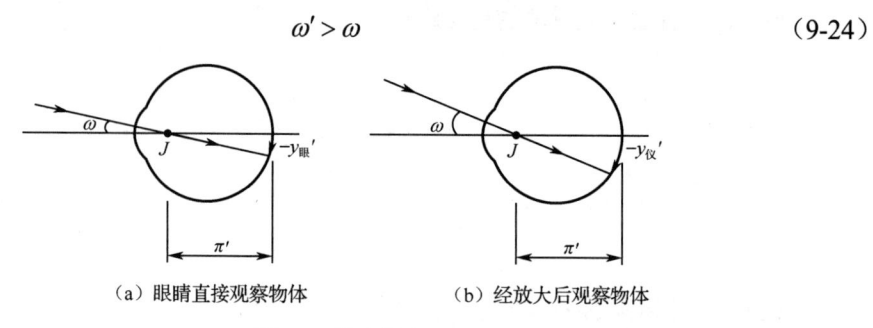

(a) 眼睛直接观察物体　　（b）经放大后观察物体

图 9-9　视角扩大

当用目视光学仪器观察同一目标时，视网膜上的像与人眼直接观察该目标时视网膜上的像的比叫作视放大率，用 Γ 表示：

$$\Gamma = \frac{y'_{仪}}{y'_{眼}} = \frac{\pi' \tan\omega'}{\pi' \tan\omega} = \frac{\tan\omega'}{\tan\omega} \tag{9-25}$$

由此可知，视放大率等于光学系统所成的像对人眼形成的张角与人眼直接观察时物对人眼形成的张角的正切值之比，该值是大于1的。

（2）目标通过目视光学仪器后，一般应成像在无穷远（或以平行光束出射）。

下面将针对目视光学仪器及其性能进行介绍。

9.4　放大镜

9.4.1　视放大率

在明视距离（$-l_1 = 250\text{ mm}$）处，如图 9-10（a）所示，人眼直接观察物体时物对人眼形成的张角的正切值 $\tan\omega$ 为

$$\tan\omega = \frac{y}{-l_1} \tag{9-26}$$

采用放大镜后，如图9-10（b）所示，所成像对人眼形成的张角的正切值 ω' 为

$$\tan\omega' = \frac{y'}{S - l'_2} = y \times \frac{f' - l'_2}{f'} \times \frac{1}{S - l'_2} \tag{9-27}$$

由此可知，视放大率为

$$\Gamma = \frac{\tan\omega'}{\tan\omega} = \frac{f' - l'_2}{S - l'_2} \times \frac{l_1}{f'} \tag{9-28}$$

从式（9-28）可以看出，视放大率不是常数，其值与 S 和 l'_2 有关。

若放大的虚像调焦在明视距离处，则有

$$S - l'_2 = -l_1 = 250\,(\text{mm}) \tag{9-29}$$

于是有

$$\Gamma = \frac{f' - l'_2}{f'} = 1 + \frac{250}{f'} - \frac{S}{f'} \tag{9-30}$$

(a) 人眼直接观察物体

(b) 使用放大镜观察物体

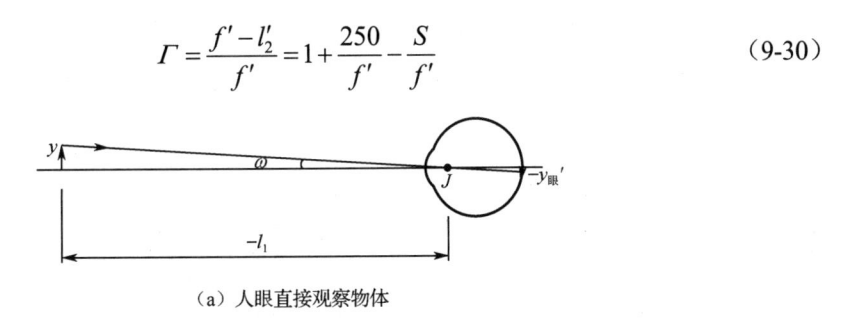

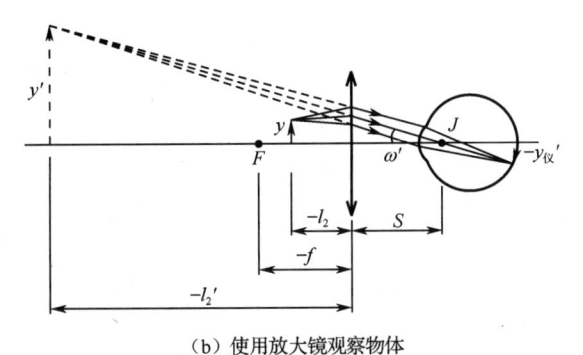

图 9-10 放大镜的视放大率示意图

若将放大的虚像调焦到无穷远处，则有

$$l'_2 = -\infty \tag{9-31}$$

于是有

$$\Gamma = -\frac{l_1}{f'} = \frac{250}{f'} \tag{9-32}$$

在一般情况下，单透镜的焦距有限，因此放大镜的视觉放大能力有限。

9.4.2 光阑

由于放大镜是和眼睛一起使用的，所以在分析系统时需要对放大镜和眼睛一起进行分析。由图 9-11 可以看出，轴上物点发出的光线通过放大镜后填满瞳孔，所以瞳孔既是孔径光阑，也是出瞳；而放大镜框对应渐晕光阑，因为除轴外物点 B_1 外的物点发出充满眼睛的光线势必被放大镜阻挡。由于放大镜所成像为虚像，因此一般不讨论视场光阑。

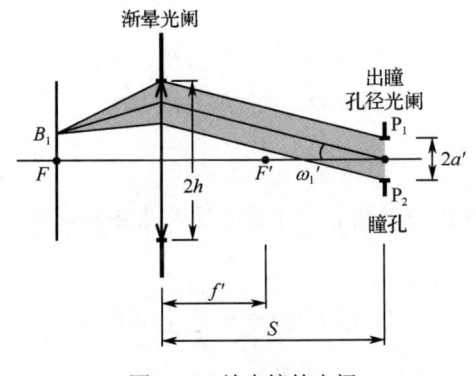

图 9-11 放大镜的光阑

9.4.3 视场

1. 像方视场

以调焦到无穷远为例来进行分析。图 9-12 所示为放大镜的像方视场，该图给出了渐晕系数 K_D 分别为 1、0.5、0 时的系统像方视场情况。

当 $K_D = 1$ 时：

$$\tan\omega_1' = (h - a')/S \tag{9-33}$$

当 $K_D = 0.5$ 时：

$$\tan\omega_2' = h/S \tag{9-34}$$

当 $K_D = 0$ 时：

$$\tan\omega_3' = (h + a')/S \tag{9-35}$$

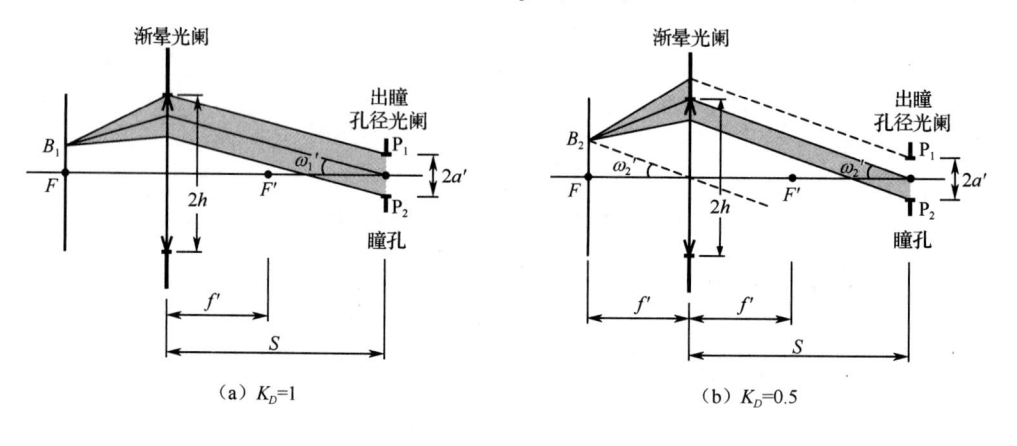

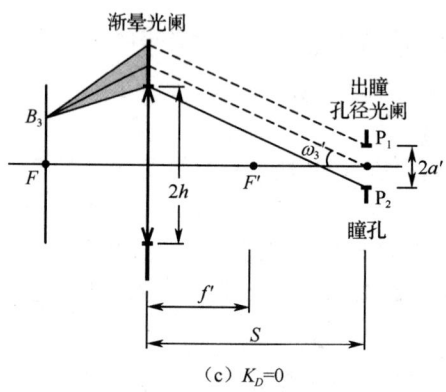

图 9-12 放大镜的像方视场

2. 物方视场

以调焦到无穷远为例来进行分析。物平面置于放大镜物方焦平面，且 $K_D = 0.5$，此时物方线视场：

$$2y = 2f'\tan\omega' = \frac{500h}{\Gamma_0 S} \text{ (mm)} \tag{9-36}$$

由式（9-36）可知，$2y$ 正比于 h，即孔径越大，视场越大；$2y$ 正比于 $1/S$，即人眼离放大镜越近，视场越大；$2y$ 正比于 $1/\Gamma_0$，即视放大率越小，视场越大。

9.5 显微镜

9.5.1 光学结构

显微镜的光学结构如图 9-13 所示。前面提到放大镜的视放大率有限，需要进一步放大，因此再加一个透镜。靠近物平面的透镜叫作物镜（图 9-13 中用 L_0 表示），靠近眼睛的透镜叫作目镜（图 9-13 中用 L_e 表示）。考虑到成像需要设计在无穷远，因此目镜的焦距要与物镜的像平面重合。此像平面处一般会放一个带刻度的玻璃，用于测量像的大小，称这个玻璃为分划板。物镜的物平面到像平面的距离就是物平面到分划板之间的距离，称该距离为共轭距，用 T 表示。对于生物显微镜，国际上规定 T 的标准值为 195 mm。

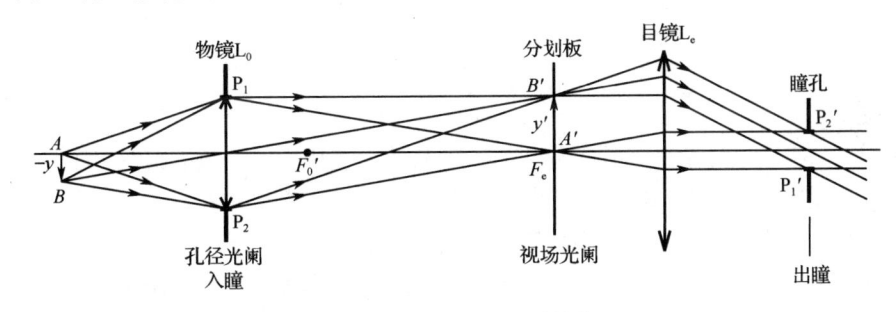

图 9-13 显微镜的光学结构

9.5.2 系统的焦距

显微镜属于典型的双光组系统，因此根据式（2-26）和式（2-27）可得

$$f' = -\frac{f_0' f_e'}{\Delta} \tag{9-37}$$

$$f = \frac{f_0 f_e}{\Delta} \tag{9-38}$$

由于 f_0' 和 f_e' 是正值，因此显微镜的像方焦距 f' 为负。

9.5.3 视放大率

显微镜的视放大率如图 9-14 所示。当人眼直接观察物体时，物体对人眼形成的张角为

$$\tan\omega = \frac{y}{250} \tag{9-39}$$

利用显微镜观察物体时，通过显微镜后像对人眼形成的张角为

$$\tan\omega' = \frac{y'}{f_e'} = \beta_0 \frac{y}{f_e'} = -\frac{\Delta y}{f_0' f_e'} \tag{9-40}$$

因此，视放大率为

$$\Gamma = \frac{\tan\omega'}{\tan\omega} = -\frac{250\Delta}{f_0' f_e'} = \beta_0 \Gamma_e \tag{9-41}$$

即显微镜的视放大率等于物镜垂轴放大率与目镜视放大率的乘积。在一般情况下，显微镜会配置多个物镜和目镜，以获得不同的视放大率。常用物镜倍率为 4、10、40、100，常用目镜倍率为 5、10、15。

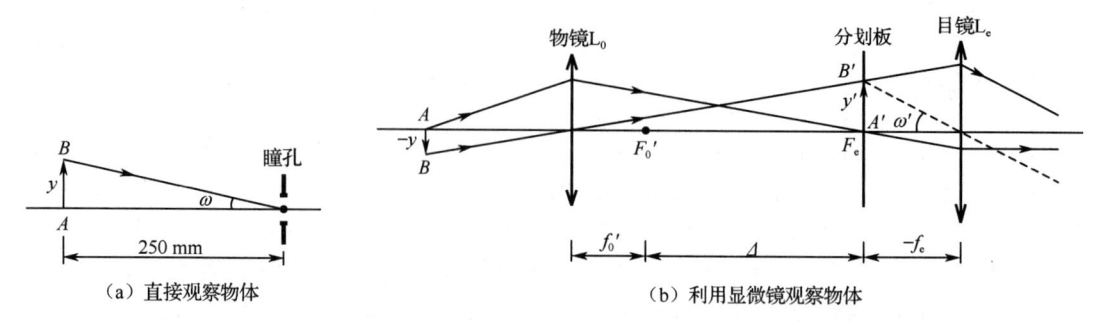

图 9-14　显微镜的视放大率

采用组合系统的焦距，显微镜的视放大率可以写为

$$\varGamma = \frac{250}{f'} \tag{9-42}$$

可以看出，实质上显微镜等同于放大镜。但与放大镜相比，显微镜具有以下特点。
（1）显微镜具有更大的视放大率，其对物体的像进行了二次放大。
（2）在使用显微镜时人眼离物平面较远，使用方便。
（3）显微镜具有中间实像平面，可以在中间实像平面位置放置分划板，用于测量。当中间实像位于 F_e 之前时，成像为实像，可以投影到屏上，也可以用图像传感器接收，从而构成电子目镜。

例 9.2　已知显微镜目镜 $\varGamma=15$，物镜 $\beta_0=-2.5$，共轭距 $T=180$ mm，求目镜的焦距、物镜的焦距及物方和像方截距，以及显微镜总放大率、总焦距。

解：由题意可知

$$\varGamma_e = 15$$

因为有

$$\varGamma_e = 250/f_e'$$

所以有

$$f_e' = 50/3 \,(\text{mm})$$

$$\beta_0 = -2.5 = l'/l$$

又因为

$$l' - l = 180 \,(\text{mm})$$

所以有

$$l \approx -51.43 \,(\text{mm})$$
$$l' \approx 128.57 \,(\text{mm})$$

由高斯成像公式可以得到

$$f_0' = 36.73 \,(\text{mm})$$

显微镜的总放大率为

$$\varGamma = \beta_0 \varGamma_e = -2.5 \times 15 = -37.5$$

总焦距为
$$f' = 250/\Gamma \approx -6.67 \text{(mm)}$$

9.5.4 光阑

1. 孔径光阑

显微镜的孔径光阑如图 9-15 所示。在一般情况下，目视光学系统将孔径光阑设置在物镜上，这是因为孔径光阑位于物镜上，可以尽量缩小物镜的直径。物镜的直径越大，越难加工。对于低倍物镜而言，孔径光阑为单组镜框本身；对于高倍物镜来说，孔径光阑是多组物镜的最后一组镜框。值得指出的是，在使用显微镜时，瞳孔必须与出瞳重合，否则会出现视场渐晕现象，且显微镜出瞳直径和人眼瞳孔直径要一致。因此，物镜经目镜成像后的像平面位置（出瞳位置）就是观察时瞳孔的位置。

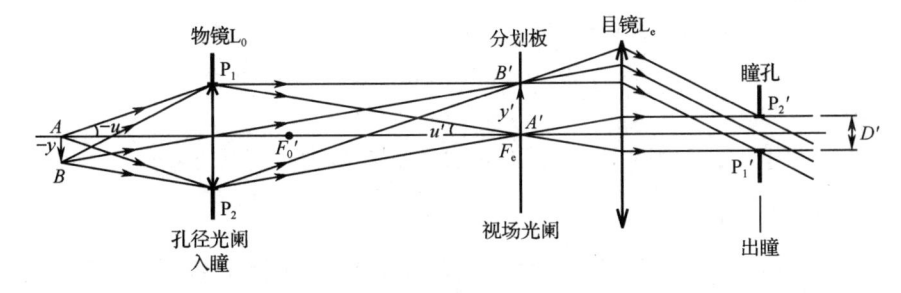

图 9-15 显微镜的孔径光阑

此时，出瞳直径为
$$D' = 2f'_e u' \tag{9-43}$$

由于有
$$\beta_0 = \frac{y'}{y} = \frac{nu}{n'u'} \tag{9-44}$$

$$\beta_0 = -\frac{\Delta}{f'_0} \tag{9-45}$$

$$f' = -\frac{f'_0 f'_e}{\Delta} = \frac{250}{\Gamma} \tag{9-46}$$

所以有
$$D' = 2f'_e u' = 2f'_e \frac{nu}{n'\beta_0} = -2nu\frac{f'_0 f'_e}{n'\Delta} = \frac{500nu}{n'\Gamma} \tag{9-47}$$

显微镜一般工作在空气中，因此式（9-47）可改为
$$D' = \frac{500nu}{\Gamma} = \frac{500 \text{ NA}}{\Gamma} \tag{9-48}$$

式中，nu 为显微镜的数值孔径，用 NA 表示。这表示只要确定显微镜的放大率和数值孔径，就确定了出瞳大小。因此，当显微镜物镜放大率较大时，其出瞳直径较小。

2. 视场光阑

如图 9-16 所示，显微镜的视场光阑为分划板，它限制了成像区域的大小，只有透过分划板的视场部分参与最终成像。

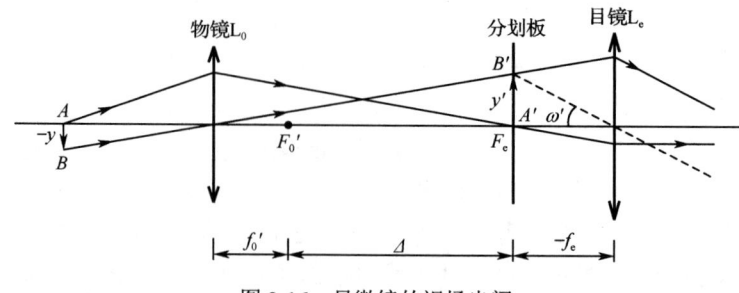

图 9-16 显微镜的视场光阑

根据视场光阑的大小可以算出物方线视场：

$$|2y| \leq \frac{D_{视}}{\beta_0} = \frac{2f_e' \tan\omega'}{\beta_0} = \frac{500\tan\omega'}{\beta_0 \Gamma_e} = \frac{500\tan\omega'}{\Gamma} \tag{9-49}$$

只要选定了目镜，$2\omega'$ 就确定了，此时视放大率 Γ 越大，线视场越小。

3. 渐晕光阑

由图 9-16 可知，目镜会影响轴外物点发出的光束大小，因此目镜框为渐晕光阑。综上所述，显微镜的视场很小，在实际使用中要求像平面照度均匀，通常不设渐晕光阑，即目镜做得比较大。

9.5.5 分辨率

1. 公式

由于人们常用显微镜观察近处的小物体，因此一般用物平面上刚能分辨的两个物点间的最短距离 σ 表示其分辨能力。

显微镜的分辨率如图 9-17 所示，物镜的放大率为

$$\beta = \frac{y'}{y} = \frac{nu}{n'u'} \tag{9-50}$$

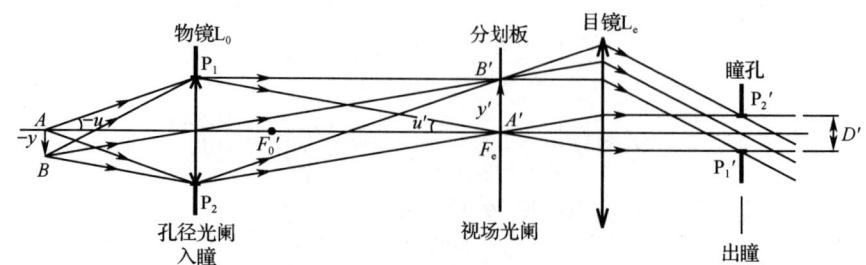

图 9-17 显微镜的分辨率

在恰好可以分辨的情况下，与 σ 对应的两个像点的距离 y' 需要满足瑞利判据，即

$$R = \frac{0.61\lambda}{n'u'} \tag{9-51}$$

因为

$$\frac{y'}{y} = \frac{R}{\sigma} = \frac{nu}{n'u'} \tag{9-52}$$

所以有

$$\sigma = \frac{0.61\lambda}{nu} = \frac{0.61\lambda}{\mathrm{NA}} \tag{9-53}$$

需要说明的是，在倾斜照明条件下，显微镜的分辨率将得到提高，满足道威判据：

$$\sigma = \frac{0.5\lambda}{\mathrm{NA}} \tag{9-54}$$

由此可见，增大数值孔径，可以提高分辨率。σ 与 λ 成正比，分辨能力随照射光源波长的减小而提高；σ 与 NA 成反比，分辨能力随数值孔径的增大而提高。这意味着可以通过增大物方孔径角 u 或提高物方空间折射率 n 来提高分辨率。浸润式光刻技术就是基于这个原理提出的。通常，干燥物镜的数值孔径为 0.05~0.95，而油浸物镜（如香柏油物镜）的数值孔径可以达到 1.25。

2．显微镜的有效放大率

物平面上距离为 σ 的两个物点，不仅要能被物镜分辨，而且在经目镜放大后也要能被眼睛分辨。为了不至于观察疲倦，放大后的像对人眼形成的张角一般要比眼睛极限分辨率大；但从式（9-50）可以看出，放大太多会导致观察视场过小，一般在 2′~4′ 之间为宜。

于是，在明视距离对应线距离为

$$2 \times 250 \times 0.000\,29\,\mathrm{mm} \leqslant \sigma' = \frac{0.5\lambda}{\mathrm{NA}}|\varGamma| \leqslant 4 \times 250 \times 0.000\,29\,\mathrm{mm} \tag{9-55}$$

若照明光源波长 $\lambda = 555\,\mathrm{nm}$，则有效放大率为

$$532\,\mathrm{NA} \leqslant |\varGamma| \leqslant 1046\,\mathrm{NA} \tag{9-56}$$

可近似为

$$500\,\mathrm{NA} \leqslant |\varGamma| \leqslant 1\,000\,\mathrm{NA} \tag{9-57}$$

所以光学显微镜能达到的有效放大率不超过 1500×。当 $|\varGamma| < 500\,\mathrm{NA}$ 时，放大不足，显微镜能够分辨，但人眼无法分辨；当 $|\varGamma| > 1000\,\mathrm{NA}$ 时，无效放大，由于视场范围会缩小，因此不利于提高显微镜观察物体细节的能力。

9.5.6 显微镜物镜

1．光学特性

物镜的主要参数包括放大倍数 β、数值孔径 NA 和工作距离 WD。放大倍数和数值孔径在前面讲述过，这里不再赘述。

工作距离是指在对标本进行对焦时，从物镜前端表面到盖玻片最近表面的距离。由图 9-13 可知，工作距离与数值孔径成反比，这意味着数值孔径较大的物镜通常具有较短的工作距离。

2．物镜像差和类型

显微镜成像受各种像差的影响，但考虑到在实际使用时物镜和目镜应可以替换，因此在

一般情况下物镜和目镜的像差各自消除。在某些应用情况下，如果有残余的像差，物镜和目镜可以设计成具有一定的相互补偿能力，以优化成像质量。这种设计原则同样适用于望远镜。由于显微镜目镜与望远镜目镜在结构上具有一定的通用性，因此将它们放到9.7节进行叙述。在这里简述显微镜物镜的像差和类型。

显微镜物镜是小视场、大孔径的光学镜头，对像差的校正以对轴上点像差进行校正为主，如轴上色差和球差，兼顾轴外视场像差的校正。物镜通常由多个镜片构成，有多种型号，如消色差物镜、复消色差物镜、平场物镜，以及平场复消色差物镜等。这些物镜都用于消除某种或某些像差，以提高成像质量。例如，常用的消色差物镜可以用来消除色差和球差等，如图9-18（a）所示；而平场复消色差物镜增加了消除像散和场曲的功能，如图9-18（b）所示。由于物镜的像差是依据一定位置的映像来校正的，因此物镜需要在规定的机械镜筒长度（物镜底面到目镜顶面的距离）上使用。常用显微镜的机械镜筒长度为 160 mm、170 mm、190 mm。

（a）双胶合消色差物镜　　　　　（b）平场复消色差物镜

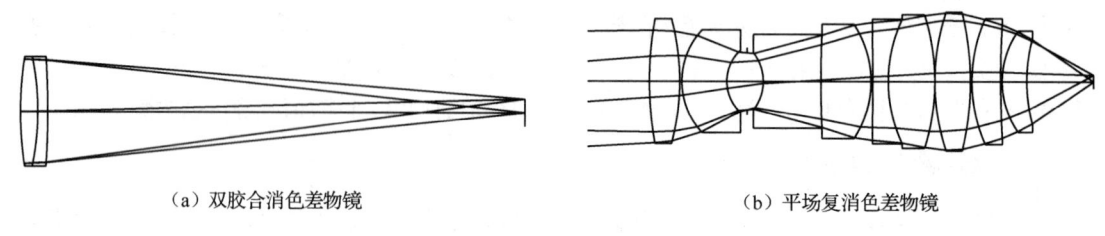

图 9-18　两种显微镜物镜

9.6　望远镜

9.6.1　光学结构

在显微镜中，如果使物镜像方焦点 F_0' 与目镜物方焦点 F_e 重合，也就是使光学间隔 $\Delta=0$，那么就形成了望远镜。望远镜是一个将无限远目标成像在无限远的无焦系统（$f'=\infty$），可分为两种：一种是开普勒望远镜，其结构如图 9-19 所示；另一种是伽利略望远镜，其结构如图 9-20 所示。开普勒望远镜是由两正透镜组成的，伽利略望远镜是由正透镜和负透镜组成的。

（1）开普勒望远镜：结构长、有中间实像平面，能安装分划板，但成倒像，在实际使用时需要配备转像系统。

（2）伽利略望远镜：结构短、无中间实像平面，不能安装分划板，成正虚像，便于观察。

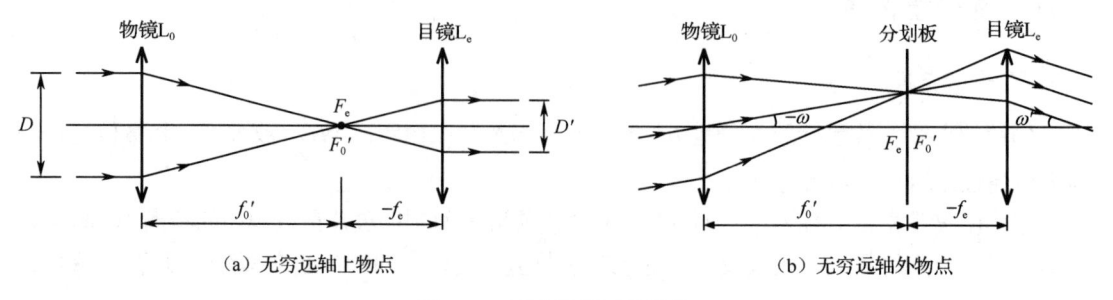

（a）无穷远轴上物点　　　　　　（b）无穷远轴外物点

图 9-19　开普勒望远镜结构

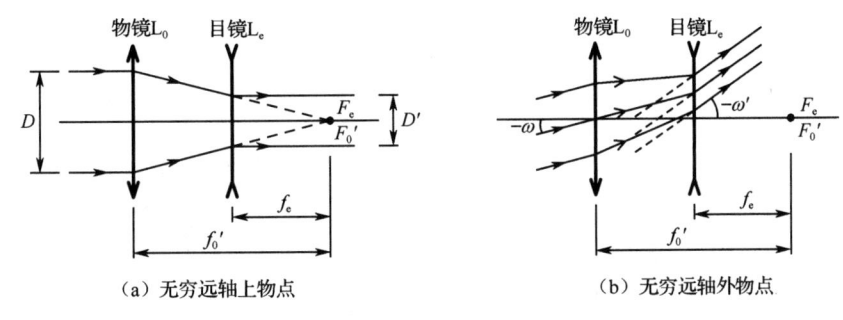

(a) 无穷远轴上物点　　　　　　　　　　　(b) 无穷远轴外物点

图 9-20　伽利略望远镜结构

9.6.2　视放大率

由图 9-21 可知：

$$\Gamma = \frac{\tan\omega'}{\tan\omega} = -\frac{h/f'_e}{h/f'_0} = -\frac{f'_0}{f'_e} \tag{9-58}$$

由式（9-58）可知，只要物镜焦距大于目镜焦距，视角就扩大了，实现了望远作用。此外，Γ 可正可负，与物镜焦距、目镜焦距的符号有关。若 Γ 为负，物镜和目镜的像方焦距符号相同，物镜和目镜均为正透镜，此望远镜为开普勒望远镜；反之，此望远镜为伽利略望远镜。根据轴上物点在物镜和目镜间构成的三角形是相似三角形，可以得出

$$\Gamma = -\frac{f'_0}{f'_e} = -\frac{D}{D'} \tag{9-59}$$

由式（9-59）可知，增大 D 可以增大 Γ，但需要注意的是，出瞳 D' 要与瞳孔匹配。

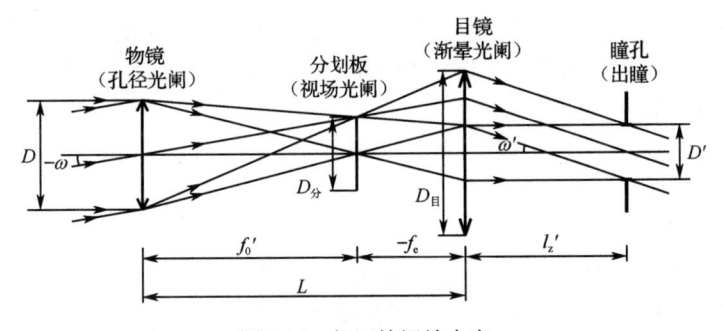

图 9-21　望远镜视放大率

9.6.3　望远镜的光阑和视场

对于开普勒望远镜而言，和显微镜一样，孔径光阑、入瞳（出瞳与人眼重合）对应物镜框，渐晕光阑对应目镜框，视场光阑对应分划板框，如图 9-22 所示，其物方视场角：

$$2\omega = 2\arctan\left(\frac{D_\text{分}}{2f'_0}\right) \tag{9-60}$$

像方视场与物方视场的关系为

$$\tan\omega' = \Gamma\tan\omega \tag{9-61}$$

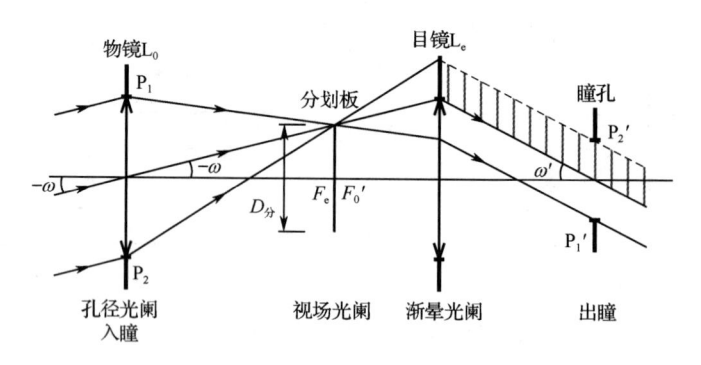

图 9-22 开普勒望远镜的光阑

伽利略望远镜实质上等同于一个放大镜，其孔径光阑、出瞳对应瞳孔（入瞳位于瞳孔之后，是放大虚像），渐晕光阑对应物镜框，如图 9-23 所示。

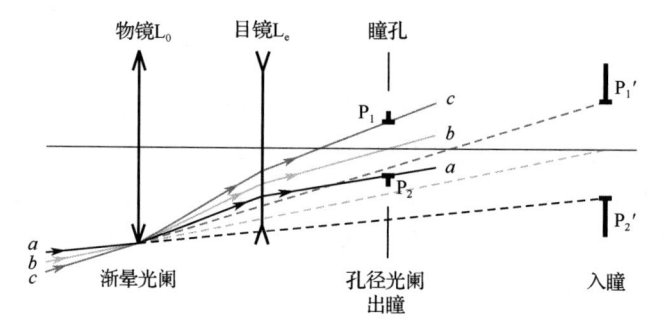

图 9-23 伽利略望远镜的光阑

例 9.3 现有一个开普勒望远镜，其视放大率为 6，物方视场角 $2\omega = 8°$，出瞳直径 $D' = 5$ mm，物镜和目镜之间的距离 $L = 140$ mm。假定孔径光阑与物镜框重合，系统无渐晕。

（1）求物镜和目镜的焦距。
（2）求物镜和目镜的通光口径。
（3）求分划板直径。
（4）求出瞳距离。
（5）求当渐晕系数分别为 0.5 和 0 时的物方视场。

解：开普勒望远镜光路图（$K_D = 1$）如图 9-24 所示。

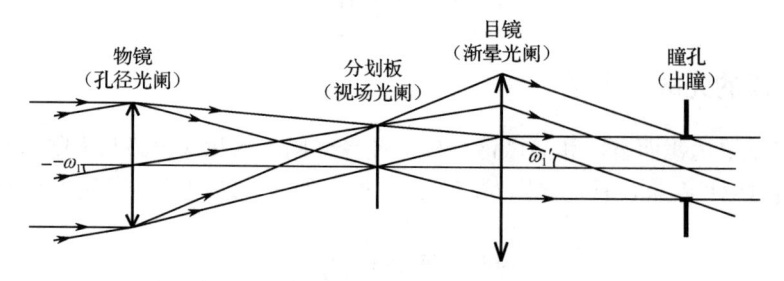

图 9-24 开普勒望远镜光路图（$K_D = 1$）

（1）物镜和目镜的焦距：

$$\begin{cases} \varGamma = -\dfrac{f_0'}{f_e'} = -6 \\ L = f_0' + f_e' = 140 \text{ mm} \end{cases}$$

由此可得

$$\begin{cases} f_0' = 120 \text{ mm} \\ f_e' = 20 \text{ mm} \end{cases}$$

（2）物镜和目镜的通光口径：

$$D_\text{物} = D = -\varGamma D' = 30 \text{ mm}$$
$$D_\text{目} = 2[L\tan(-\omega) + D'/2] = 24.58 \text{ mm}$$

（3）分划板直径：

$$D_\text{分} = 2f_0'\tan(-\omega) = 16.78 \text{ mm}$$

（4）由

$$\frac{1}{l'} - \frac{1}{l} = \frac{1}{f_e'}$$
$$l = -140 \text{ mm}$$
$$f_e' = 20 \text{ mm}$$

可得出瞳距离为

$$l' = 23.3 \text{ mm}$$

（5）开普勒望远镜光路图（$K_D = 0.5$）如图9-25所示。

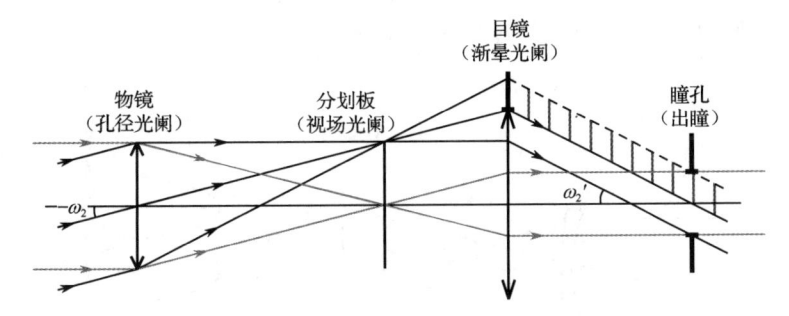

图9-25 开普勒望远镜光路图（$K_D = 0.5$）

当渐晕系数为0.5时，物方视场为

$$2\omega_2 = a\tan\frac{D_\text{目}}{L} = 10°$$

开普勒望远镜光路图（$K_D = 0$）如图9-26所示。

当渐晕系数为0时，物方视场为

$$2\omega_3 = a\tan\frac{D_\text{目} + D'}{L} = 12°$$

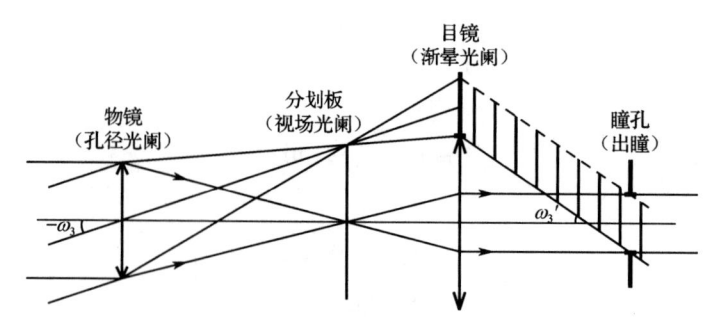

图 9-26 开普勒望远镜光路图（$K_D = 0$）

9.6.4 分辨率

望远镜用于望远，观察到的物平面很大，一般用能分辨的两个物点对物镜的张角 θ 来衡量其分辨能力。此时，当两个物点对应的像点恰好可以分辨时，也需要满足瑞利判据，即

$$R = \frac{0.61\lambda}{n' \sin u'_{\max}} \tag{9-62}$$

由图 9-27 可知：

$$\sin u'_{\max} \approx \frac{D}{2f'} \tag{9-63}$$

于是有

$$\theta \approx 1.22 \frac{\lambda}{D} \tag{9-64}$$

因此，通过减小照射光源波长和增大口径 D，可以提高望远镜的分辨率。在一般情况下，入射波长无法改变，主要通过增大口径来提高分辨率。

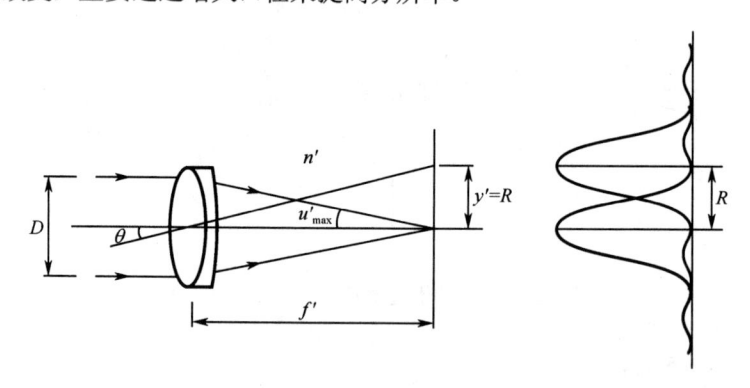

图 9-27 望远镜分辨率

9.6.5 工作放大率

两个物点通过望远镜后对人眼形成的视角必须大于或等于人眼的视觉极限分辨率 $60''$，即

$$\varGamma \varphi \geq 60'' \tag{9-65}$$

所以其放大率为

$$\Gamma \geq \frac{60''}{\varphi} = \frac{60''}{\left(\frac{140''}{D}\right)} \approx \frac{D}{2.3} \tag{9-66}$$

由于出瞳直径设计得与人眼匹配,约为 2.3 mm,因此视放大率为

$$\Gamma \geq \frac{D}{D'} \tag{9-67}$$

若采用极限放大率来设计望远镜,用该望远镜进行观测将容易疲劳。在工作中采用的放大率一般为极限放大率的 2~3 倍,因此有

$$\Gamma = D \tag{9-68}$$

9.6.6 望远镜物镜

1. 光学特性

望远镜物镜的光学特性通常用三个参数描述——焦距 f_0'、相对孔径 D/f_0'、视场 2ω。前面已经对这三个参数进行了介绍,这里不再赘述。

2. 物镜像差和类型

望远镜物镜的相对孔径和焦距较大,而视场较小,因此主要对轴上物点的宽光束进行球差和色差校正。望远镜物镜的类型有多种,分为折射式物镜、反射式物镜、折反射式物镜等。下面简单介绍这些物镜。

1) 折射式物镜

典型的折射式物镜有双胶合物镜、双分离物镜、三分离物镜、摄远物镜等。图 9-28(a)和图 9-28(b)所示分别为双胶合物镜和三分离物镜。双胶合物镜可校正色差、球差、彗差,其结构简单、制造装配方便、光能损失少,一般视场角不超过 10°。受胶合面限制,双胶合物镜的口径较小。与双胶合物镜相比,三分离物镜具有更多的参数用于校正像差,这有利于高级球差和色球差的精确校正。然而,其装配和校正过程相对复杂,并且由于折射面增多,光能损失相对增加。

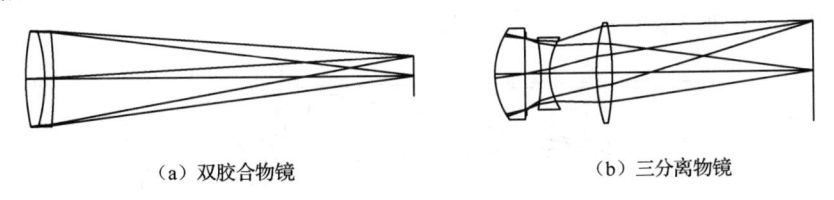

(a) 双胶合物镜　　　　　　(b) 三分离物镜

图 9-28　双胶合物镜和三分离物镜

2) 反射式物镜

反射式物镜非常适合进行天文望远(口径几百毫米到几米)。由于入瞳孔径决定了分辨率,因此入瞳孔径越大,分辨率越好。但入瞳孔径越大越容易引起球差和色差,为了消除色差,通常采用反射方式工作。反射镜材料相较于透镜材料更容易制造,具有无色差、工作波长范围广的优点,其轴上物点的成像质量优异。但是反射式物镜的加工精度比折射面要求高,表面变形对像质的影响大(反射面对光程的影响是双倍的),近轴点存在彗差、视场更小。典型的反射望远镜有格里高利系统(1663 年)、牛顿系统(1668 年)、卡塞格林系统(1673 年)。

牛顿系统（见图9-29）由抛物面主镜和平面副镜组成，结构简单，成本低廉。

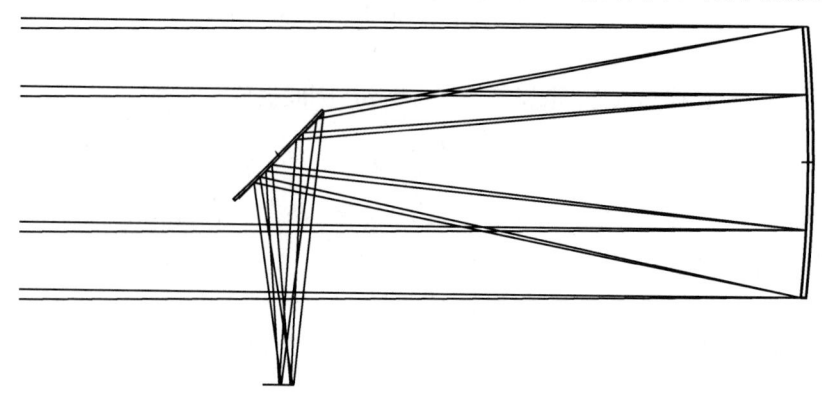

图 9-29　牛顿系统

格里高利系统（见图 9-30）由抛物面主镜和椭球面副镜组成，其抛物面的焦点与椭球面的一个焦点重合。当观测无限远处的物体时，该物体在椭球面另一个焦点处成高斯像。该像是正立的实像，可以在该实像平面上安装视场光阑。这种系统的结构相对较长。

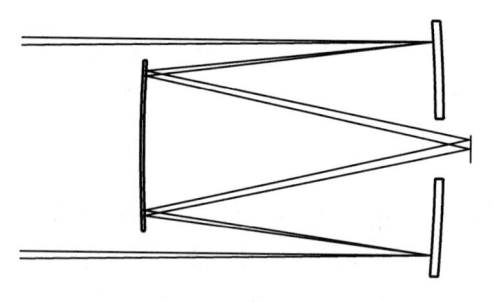

图 9-30　格里高利系统

卡塞格林系统（见图 9-31）由抛物面主镜和双曲面副镜组成，其抛物面的焦点与双曲面的虚焦点重合。当观测无限远处的物体时，该物体在双曲面实焦点处成高斯像，该像是倒立的。这种系统焦距长、筒长小。

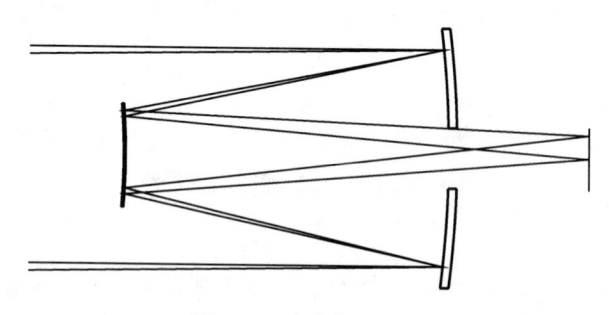

图 9-31　卡塞格林系统

3）折反射式物镜

反射式物镜通常采用非球面镜来提高成像质量，但加工困难。为此，折反射式物镜将球面反射镜作为主镜，加入校正像差的透镜元件，从而避免加工非球面镜，以获得良好的成像质量。典型的折反射式系统有施密特-卡塞格林系统和马克苏托夫-卡塞格林系统。

施密特-卡塞格林系统（见图9-32）在反射镜球心处放置施密特改正板，其对近轴光束有汇聚作用，对边缘光束有发散作用。马克苏托夫-卡塞格林系统（见图9-33）由球面反射镜和负弯月透镜组成，其对近轴光束有汇聚作用，对边缘光束有发散作用；通过改变负弯月透镜的参数与位置，可以校正球差和彗差。

图 9-32 施密特-卡塞格林系统

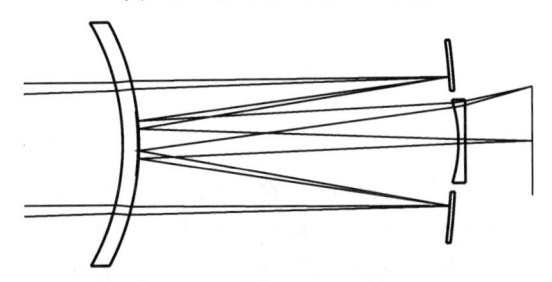

图 9-33 马克苏托夫-卡塞格林系统

9.7 目镜

1. 光学特性

目镜的光学特性由它的焦距 f_e'、视场角 $2\omega'$、出瞳直径 D'、相对镜目距 l'/f_e'、工作距离 S 决定。前三个参数在前面已讲述过，下面介绍相对镜目距和工作距。

1) 相对镜目距

相对镜目距 l'/f_e' 是指镜目距与焦距之比，镜目距 l' 也叫作出瞳距离，是目镜后表面顶点到出瞳的距离。由于出瞳的位置接近于目距的后焦点，所以镜目距 l' 接近于焦点的截距。对于结构确定的目镜而言，其焦点位置是确定的，因此相对镜目距接近于一个常数。最小目镜距为 6 mm。

2) 工作距

工作距 S 是指目镜第一面顶点到其物方焦平面的距离。为了适应近视眼和远视眼的需求，工作距不应小于视度调节的深度。目镜工作距调节示意图如图 9-34 所示。对焦距为 f_e' 的目镜而言，1 D 对应的调焦量为

$$x' = \frac{1000}{\text{SD}} (\text{mm}) \tag{9-69}$$

式中，SD 为仪器的视度值。

若在 $-5 \sim 5$ D 范围内调节，则由牛顿公式可求得目镜最大轴向移动距离为

$$x = \frac{-f_e'^2}{x'} = \frac{-\text{SD} \cdot f_e'^2}{1000} = \frac{\pm 5 f_e'^2}{1000} \tag{9-70}$$

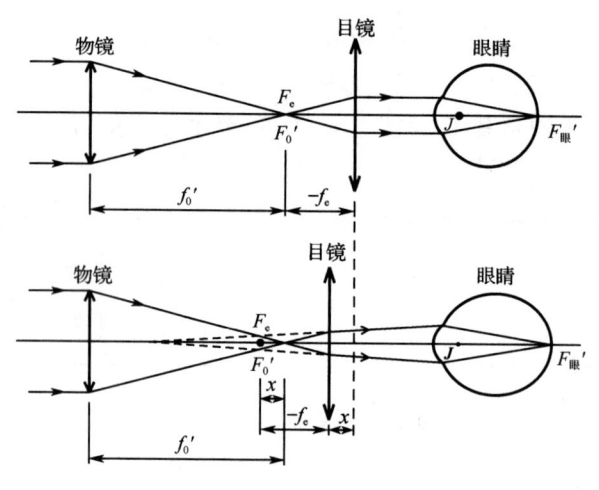

图 9-34　目镜工作距调节示意图

2. 像差与分类

目镜具有视场大、焦距小等光学特点，一般目镜的视场角为 40°～50°，广角目镜的视场角为 60°～80°，特广角目镜的视场角大于 90°，轴外物点像差（彗差、像散、场曲、倍率色差）较大，因此目镜轴外像差的校正是像差设计的重点。轴外视场在目镜各面上投射的光线高度较大，加入场镜后可以降低光线高度，减小目镜的孔径，从而减小轴上物点的像差（球差、色差）。常见的目镜类型有惠更斯目镜、冉斯登目镜、凯涅尔目镜、对称式目镜等，下面分别对其进行简单介绍。

1）惠更斯目镜

惠更斯目镜属于第一代目镜，17 世纪由荷兰物理学家惠更斯发明，由两个相互分离的平正透镜组成，透镜的凸面朝向物镜一端，如图 9-35 所示，视场一般为 40°～50°。前平正透镜为场镜，后平正透镜为接目镜。由于主光线对场镜的入射角很小，因此惠更斯接目镜的彗差和像散较小。两个透镜匹配起来，在一定程度上可以消除倍率色差。但物镜的像在场镜和接目镜之间，所以通常不安装十字丝或分划板。同时，由于场镜和接目镜作为整体进行像差校正，所以即使安装了分划板，从接目镜方来看，分划板上所成的像也是不清晰的，因此惠更斯目镜不能作为测微目镜。

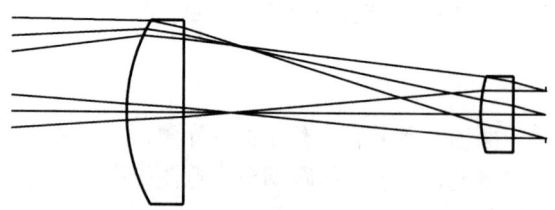

图 9-35　惠更斯目镜示意图

2）冉斯登目镜

冉斯登目镜属于第一代目镜，也是一种两片组的目镜，由两个平正透镜组成，但两个凸面相对，这两个平正透镜的间距小于惠更斯目镜，如图 9-36 所示，视场一般为 30°～40°。由图 9-36 可知，物镜所成像在场镜左边，因此可以安装十字丝或分划板作为测微目镜或导引目镜。只要物镜的像平面与场镜间的距离较小，就可以降低彗差和像散。此外，由于场镜和接目镜的间距较小，因此冉斯登目镜的场曲也比惠更斯目镜小。

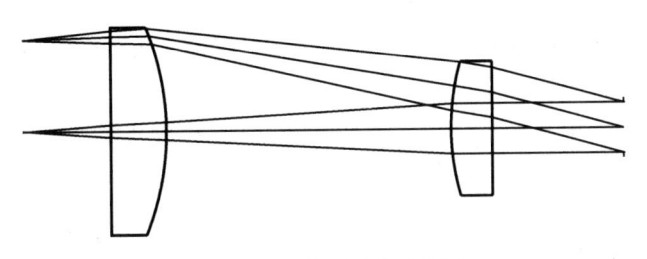

图 9-36　冉斯登目镜示意图

3）凯涅尔目镜

凯涅尔目镜（见图 9-37）是在冉斯登目镜的基础上发展而来的，出现于 1849 年，主要改进是将单片接目镜改为双胶合消色差透镜，这大大改善了色差和边缘像质，视场达到 40°～50°。低倍的凯涅尔目镜有着舒适的镜目距，目前在一些中低倍望远镜中被广泛应用。

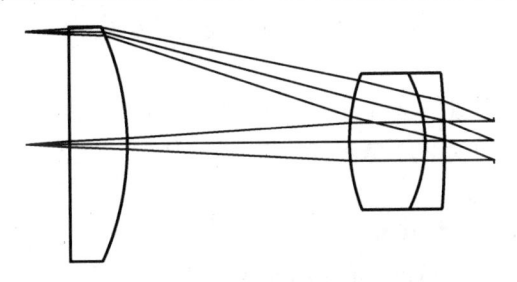

图 9-37　凯涅尔目镜示意图

4）对称式目镜

对称式目镜是一种中等视场目镜，由两个相互对称的双胶合透镜构成，视场一般约为 40°，如图 9-38 所示。由第 7 章内容可知，对称性可以较好地校正色差、像散、彗差，以及场曲，因此对称式目镜是中等视场的目镜中像质较好的一种，应用广泛，常用于望远系统中。此外，从图 9-38 可以看出，对称式目镜的镜目距比较大。

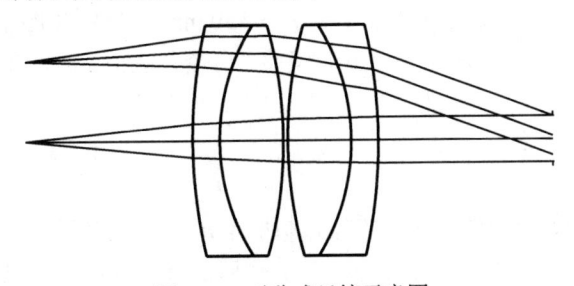

图 9-38　对称式目镜示意图

习题

9.1　正常人眼从观察前方 10 m 远的物体改为观察前方 1 m 远的物体时，眼睛的视度调节量是多少？

9.2　200 D 近视眼的远点在什么位置？矫正时应佩戴哪种眼镜？焦距为多大？假设镜片的折射率为 1.5，第一面曲率半径是第二面曲率半径的 4 倍，求眼镜片两个表面的曲率半径（眼镜前后表面为球面，可视为薄透镜）。

9.3 有一个焦距为 100 mm、口径为 50 mm 的放大镜，人眼到它的距离为 100 mm，求放大镜的视觉放大率及视场。

9.4 显微镜目镜 $\Gamma=10$，物镜 $\beta=-2$，$NA=0.1$，物镜共轭距为 180 mm，物镜框为孔径光阑。

(1) 目镜焦距为多少？

(2) 显微镜总视放大率为多少？总焦距为多少？

(3) 物方截距、像方截距分别为多少？

(4) 求出瞳的位置、大小及镜目距（出瞳与目镜间的距离）。

(5) 设物高 $2y=8$ mm，允许边缘视场拦光 50%（渐晕系数 $K_D=50\%$），求物镜和目镜的通光口径。

(6) 在照明光斜入射时，$\lambda=0.55\ \mu m$，求显微镜的分辨率（用道威判据）。

9.5 欲辨别 0.000 5 mm 的微小物体，求显微镜的最小视放大率应为多少？数值孔径取多少较为合适？

9.6 一个照相系统的图像传感器的最小单元尺寸（像平面容许弥散斑直径）$\varepsilon=0.05$ mm，入瞳直径 $D=10$ mm，分别计算以下情况时的近景平面位置、远景平面位置及景深。

(1) 对准平面为无限远。

(2) 对准平面与入瞳距离为 10 m。

9.7 为看清 1 km 处相隔 100 mm 的两个物点，解决如下问题。

(1) 望远镜至少选用多少倍（正常放大率）？

(2) 当筒长为 400 mm 时，求物镜和目镜的焦距。

(3) 为了满足正常放大率的要求，在人眼的分辨率（60″）下，应保证物镜的直径为多少？

(4) 物方视场 $2\omega=2°$，求像方视场在 1 km 处能看清多大范围？在不拦光的情况下，目镜的口径应为多少？

(5) 若视度调节 ±5 D，则目镜应移动多远距离？

9.8 有一个开普勒望远镜，其物镜焦距 $f_0'=150$ mm，目镜焦距 $f_e'=22.5$ mm，物方视场角 $2\omega=8°$，渐晕系数 $K_D=50\%$，为了使目镜通光口径 $D=20$ mm，在物镜后焦平面上放一个场镜，计算以下参数。

(1) 望远镜的放大倍率。

(2) 场镜的焦距。

(3) 若该场镜是平面在前的平正薄透镜，折射率 $n=1.5$，求其球面的曲率半径。

9.9 视放大率 $\Gamma=8$，物方视场角 $2\omega=6°$，出瞳直径为 4 mm，使用普罗 I 型棱镜转像系统的望远镜。将棱镜展开成等效平行平板，计算以下参数。

(1) 物镜口径 D_1。

(2) 目镜的视场角 ω'。

(3) 物镜焦距、目镜焦距。

(4) 视场光阑直径 D_2。

(5) 普罗 I 型棱镜的几何尺寸。

9.10 目镜的作用是将物镜放大的实像再次放大，用于人眼观察。惠更斯目镜由两个平正透镜组成，两个平正透镜的平面对着眼睛。设惠更斯目镜前后两个透镜的焦距分别为 $f_1'=3$ cm，$f_2'=1$ cm，两个透镜间的距离 $d=2$ cm，求该目镜的焦距及基点位置。

参 考 文 献

[1] 李林，黄一帆. 应用光学[M]. 5 版. 北京：北京理工大学出版社，2017.
[2] 张以谟. 应用光学[M]. 5 版. 北京：电子工业出版社，2021.
[3] 郁道银，谈恒英. 工程光学[M]. 4 版. 北京：机械工业出版社，2016.
[4] 刘钧，高明. 光学设计[M]. 2 版. 北京：国防工业出版社，2016.
[5] 李晓彤，岑兆丰. 几何光学·像差·光学设计[M]. 5 版. 杭州：浙江大学出版社，2023.
[6] 黄一帆，李林. 光学设计教程[M]. 2 版. 北京：北京理工大学出版社，2018.
[7] 莱金. 光学系统设计[M]. 4 版. 周海宪，程云芳，译. 北京：机械工业出版社，2009.
[8] 尤金·赫克特. 光学[M]. 5 版. 秦克诚，林福成，译. 北京：电子工业出版社，2019.

反侵权盗版声明

电子工业出版社依法对本作品享有专有出版权。任何未经权利人书面许可，复制、销售或通过信息网络传播本作品的行为，歪曲、篡改、剽窃本作品的行为，均违反《中华人民共和国著作权法》，其行为人应承担相应的民事责任和行政责任，构成犯罪的，将被依法追究刑事责任。

为了维护市场秩序，保护权利人的合法权益，我社将依法查处和打击侵权盗版的单位和个人。欢迎社会各界人士积极举报侵权盗版行为，本社将奖励举报有功人员，并保证举报人的信息不被泄露。

举报电话：（010）88254396；（010）88258888
传　　真：（010）88254397
E-mail：　dbqq@phei.com.cn
通信地址：北京市海淀区万寿路173信箱
　　　　　电子工业出版社总编办公室
邮　　编：100036